中国科技通史

中国与世界文明古国的交流

江晓原　主编

中国盲文出版社

图书在版编目（CIP）数据

青少版中国科技通史. 中国与世界文明古国的交流：大字版 / 江晓原主编. —北京：中国盲文出版社，2022.12
ISBN 978-7-5224-1160-6

Ⅰ. ①青… Ⅱ. ①江… Ⅲ. ①科学技术—技术史—中国—青少年读物 Ⅳ. ① N092-49

中国版本图书馆 CIP 数据核字（2022）第 219418 号

青少版中国科技通史
中国与世界文明古国的交流

主　　编：江晓原
责任编辑：王　璐
出版发行：中国盲文出版社
社　　址：北京市西城区太平街甲 6 号
邮政编码：100050
印　　刷：东港股份有限公司
经　　销：新华书店
开　　本：710×1000　1/16
字　　数：55 千字
印　　张：8
版　　次：2022 年 12 月第 1 版　2022 年 12 月第 1 次印刷
书　　号：ISBN 978-7-5224-1160-6/N・9
定　　价：25.00 元
销售服务热线：（010）83190520

前　言

关于中国科学技术通史类的普及读物，一直是各出版社很想做又不容易做好的图书品种之一。原因也很明显，一是理想的作者难觅，二是通俗的文本难写。先前有多家出版社希望我来牵头编写一部这样的读物，我一直视为畏途，久久不敢答应。

另一方面，"高大上"的学术文本则是我向来熟悉的。2016 年初，我担任总主编的《中国科学技术通史》（五卷本）出版。此书邀请了国内外数十位著名学者参加撰写，作者队伍包括国际科学史与科学哲学联合会时任主席、中国科学院著名院士、中国科学技术史学会两任理事长、英国剑桥李约瑟研究所时任所长、中国科学院自然科学史研究所两任所长等，阵容堪称极度豪华。出版之后，引起多方强烈关注。

牵头编写中国科学技术通史类普及读物，对我来说是一次全新的冒险，但我也能从先前的经验中找到借鉴。

方法之一是"找对作者"。本套书由四男四女八位博士——毛丹、胡晗、潘钺、吕鹏、张楠、李月白、王曙光、靳志佳共同执笔撰写，其中七位是上海交通大学科学史与科学文化研究院当时的在读博士，另一位是这七位博士中一位的先生，妇唱夫随，就和太太一起为本书效劳了，这也是一段小小佳话。其中毛丹博士（如今他和吕鹏都已经成为上海交通大学科学史与科学文化研究院的助理教授）作为工作组的召集人，出力尤多。这八位博士都是我选择的优秀作者，他们出色完成了写作任务。

方法之二是"搞对文本"。我们在和出版社多次沟通、修改之后，确定了文本的知识水准、行文风格等技术要求。从习惯写学术文本到能够写成比较理想的通俗文本，殊非易事，博士们也顺便经历了一番学习过程。

前前后后经过数年努力，参加撰写的博士们

大都毕业了，本书的工作只是他们学术生涯中的小小插曲。现在这套"青少版中国科技通史"即将付梓，毁誉悉听读者矣。

江晓原

于上海交通大学科学史与科学文化研究院

目录

第二章
中国古代宇宙论从何而来

第三章
西来帆影：船舶技术第一次传播浪潮

第四章

随佛教大举东传的西方天文学

第五章

中国与阿拉伯地区的科学文化交流

第一章

现代科学诞生所引发的争论

在比较东西方科学技术的起源和发展时，我们会遇到一道著名的难题——李约瑟难题。这道难题是由英国科学技术史专家李约瑟在《中国科学技术史》中提出的，具体表述如下：

为什么现代科学没有在中国（或印度）文明中发展，而只在欧洲发展？

为什么公元前 1 世纪至 16 世纪，在把自然知识应用于实际需要方面，中国文明要比西方文明有效得多？

为了说明自己的观点，李约瑟还绘制了图解（见下图）。图中 0 表示公元元年，左边 300 表示公元前 300 年，右边 500 表示公元 500 年，依此类推。从图中我们可以看出，李约瑟认为，代表中国科学发展的是一条上升的直线；西方的科学发展则表现为曲线——从公元 1 世纪初跌落到中国以下，到 1600 年才再度超越中国。

　　"李约瑟难题"犹如科学王国中一道复杂的"高次方程"摆在了世人面前，引发了国内学者的广泛关注和热烈讨论，至今尚无定论。

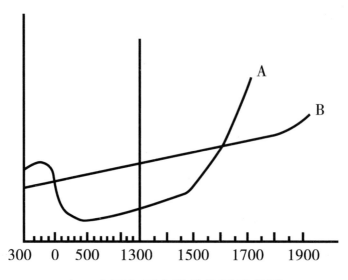

◆　中国与西方科学发展示意图
　　A：西方　　B：中国

第一节
现代科学为什么没有诞生在中国

1. "世界"和"天下"哪个更大

古代"世界"的范围和今天的"世界"不同。它不包括印度的东部和整个东亚，也不包括后来才发现的美洲"新大陆"及大洋洲。它的范围大致是从西经 10° 到东经 70°，北纬 20° 到北纬 55°。要注意，它与古代希腊地理学家笔下经常出现的"有人居住的世界"不同，后者是包括印度和中国的。

古代中国的"天下"（以汉代最大控制范围为例），南端纬度与古代"世界"的相近，西起东经 75°，东至东经 130°，北至北纬 45°。两者相比，西方人的"世界"向北延伸得更远——这是北大西洋暖流的功劳；在东西方向上，"世界"跨越了经度 80°，确实比只跨越了 55° 的"天下"

大出 45% 左右，这还只是陆地。在海上，截至公元前 4 世纪末，希腊人已航行到四大洋（太平洋、大西洋、印度洋、北冰洋）中的三个，仅太平洋还没有航行过。

别小看这 45% 的差别，它至关重要。要完全征服、持久统治这么大的一个"世界"，超出了任何人或统治集团的能力极限，这就使得没有哪个帝国能统一西方人的"世界"，因而，异质文明始终是异质文明，它们之间的碰撞和交流永不止息。波斯帝国是第一个"世界性"帝国，后来希腊人接管了整个波斯帝国的旧版图。即便如此，"希腊化"也无法进行到底，不久它便遭到了印度文明、波斯文明的有力反击和希伯来文明的顽强抵抗。

这 45% 的差别还确保了西方"世界"的大多数知识体系、宗教文化，都不能幸免于异质文明的挑战，经常处于"要么升级扩张，要么灭亡"的压力之下。于是在教派斗争乃至宗教战争之外，一批又一批的僧侣、传教士，携带着本文明的最新知识，远涉重洋向外传教弘法。

可惜的是，西方"世界"与东方"天下"并不衔接，东经 70° 至 75° 是双方都鞭长莫及的地带，因而中国很难迅速、直接地从西方"世界"创造的新知识中获益，后者只能以"西学东渐"的方式缓慢渗入东方"天下"。

现代科学萌芽于西方"世界"并非偶然，有合适的地理基础；生活在东方"天下"的我们中国人的祖先，因为从未遭遇过"强大的文明民族"的攻击，所以异质文明也无从谈起。

2. 科学为什么出现在古代地中海沿岸

古代科学出现、科学革命、资本主义革命、工业革命，这一连串事件都相继发生在西方"世界"的西半部，有着深刻的地理基础。"世界"之所以比"天下"催生了更多样化的知识体系，甚至有后来被视作科学源头的东西，原因在于多种异质文明的长期共存、相互碰撞和不断交流。

这一方面是由于"世界"过于辽阔，另一方面也因为这个"世界"是一个"五海之地"：地中海、红海、波斯湾、里海与黑海环绕着文明最初的摇篮——所有这些海都是内海或陆间海，要到达对岸，走海路顺风的话可能只需数日，最多一星期，而走陆路却要以月甚至年来计算。在这样的环境里，要与其他民族做生意、交流知识很方便，而要跨海去直接统治乃至同化异族，那几乎就是不可能完成的任务了。从这个摇篮孵化出来的古巴比伦王国，早在公元前19—公元前17世纪，就将代数发展到了令世界其他地方的人瞠目结舌的水平。而这种"利于交流而不利于融合"的特征，在以地中海为中心的西部更为突出。

第二节
科学方法的诞生经历了怎样的历程

1. 科学方法是怎么确立的

科学不是知识的杂乱、任意堆积，而是一个完整的"知识体系"。这意味着在每个特定时代，人们都会区别"核心"与"边缘"。

在欧洲，或者更确切地说，在地中海世界，这个有核心与边缘之分的、被人为等级化的知识体系，至少能"传承有序"地追溯到公元前4世纪的欧多克索斯。

延伸阅读

科学精神光照千秋——寒门青年求学的故事

欧多克索斯（约公元前400—公元前347年）是尼多斯人，生活在小亚细亚西南海岸的"多里斯六城联盟"（当时已减为五城）。据说，他在青少年时期"生活困苦"，刚成年便去了"大希腊"（公元前8—公元前6世纪古代希腊人在意大利半岛南部建立的一系列城邦的总称）的达拉（今意大利东南部城市塔兰托）求学，学习几何学与医学。当时的"大希腊"数学水平领先于其他地区。

后来，一位有钱的医生资助欧多克索斯前往雅典求学。雅典居住成本高，于是欧多克索斯租住在雅典的外港卑赖尤（今比雷埃夫斯），走10多千米路去听柏拉图的课。紧接着，欧多克索斯又拿着斯巴达国王写给埃及最后的"本土法老"的推荐信，去埃及游学一年多，随后前往连接黑海与地中海的居齐各（今马尔马拉海南岸），最后带着学生回到雅典，并与柏拉图结成了亦师亦友的关系。

欧多克索斯是第一个尝试建立几何宇宙模型的人。他用匀速圆周运动的叠加来解

释看似不规则的行星运动，从此，天文学的
研究方法开启了基于实测数据建立模型的新
阶段。

　　公元前 3—公元前 2 世纪，这种方法在希巴
恰斯那里发展成熟，在托勒密那里臻于完善，又
借助中世纪的学者之手薪火相传，再加上"受控
实验"、思想实验等设计模型的新手段，终于成
为我们今天所说的"科学方法"。

　　反过来再看"科学方法"的历程，它的主要
部分早在 2000 多年前就已被发明出来，并成功
应用于天文学界，所以不能说是文艺复兴以来才
有的新创造。从哥白尼、伽利略到牛顿的所谓科
学革命，常被笼统地说成是"近代科学的创立"
过程，以至于人们常常忘记，但凡革命，总要有
个具体的革命对象——科学革命的对象正是经由
阿拉伯传承发展而来的希腊"古代科学"。"科学
革命为何没有发生在中国"这种争论，有时被上
升到学术高度，实在是令人感到不可思议——答

案原本是显而易见的：先得有个强大的"古代科学"传统，你才能去革命。而在古代中国，知识又是怎样的一套（或多套）体系呢？

对此，古人自己的意愿体现在图书分类中——经、史、子、集，现代中国科学史学家却偏爱更能突出古人成就的农、医、天、算。近来，有人主张用博物学的编史学纲领重建中国的古代科学史，新纲领下的中国古代四大学科应是天、地、农、医（吴国盛语）。

总而言之，在中国古人的观念中完全没有西方意义上的"科学传统"的地位。现代史学家的工作，就是主要从史部、子部里寻章摘句，把只言片语拼凑成有"科学"意味的东西——后者显然更多地属于现代人而非古人。现代科学史"强加"于古代知识的各种分类方式，要么依然掩盖不了古人"以实用为归依"的固有气质，要么试图干脆将中国古代科学"重新定义"为博物学。

2. 关于科学的定义：面条越宽越好吃吗

既然作为源远流长的"传统文化"，以宇宙

的数学模型为核心的科学在古代中国无迹可寻，那么要论证古代中国"有科学"，其实需要些技巧。

"有派"的论证有偷懒和认真两种"进路"。前者先改变科学的定义，把科学定义成一种中国古代存在的东西（至少是他们认为存在的），然后再断言中国古代有科学。谁都知道，只要在合适的定义之下，结论当然可以"要什么有什么"。但这样做实际上在"同义反复"，丝毫不能"证明"任何古代文明"有"任何东西。这一进路还有个副作用：为避免给读者造成科学是"为古代中国量身定制"的印象，常常不得不采用极宽泛的定义，这种定义在科学史界的讨论中常被形象地比作"宽面条"。这固然确保了古代中国"有科学"，却也招致"科学"大门敞开，什么知识都可以进来。所有古老民族于是自动"雨露均沾"，都有了"古代科学"。甚至尚未进入文明、从事渔猎生活的部落，或者虽然已经定居下来从事农耕畜牧，还没有建立城市的民族，在宽面条的定义下，你凭什么说他们关于猎物、牲畜及庄稼的知识不是科学？于是，科学史的边界模糊了，就有和人类学混淆起来的危险。

后者稍微认真点的论证，是追本溯源，企图釜底抽薪。因为认为中国古代无科学的"无派"通常认为现代科学的源头在古希腊，于是，就试图论证西方古代也不存在科学，进而论证古希腊也不存在科学的源头，因此古代的中国和西方半斤八两，大家都没有科学。

从古希腊科学到阿拉伯科学再到近代科学，还可理解为"枯木又逢春"——树还是那棵树，只是一次又一次地遭遇寒潮，一度停止生长——在漫长的寒冬看上去已经死掉的一株枯木，逢春而新绿渐生，盛夏而树荫如盖。你怎么能因为寒冬时它未出现新绿，就否认它还是原来那棵树呢？事物的发展演变需要外界的条件，古典时代晚期（3—6世纪）欧洲地中海世界遭逢巨变，古希腊科学失去了继续发展的条件，一直等到文艺复兴之后，才是它枯木逢春的时候——虽然局部的复兴在阿拉伯帝国时期已经开始。又好比长江的源头在西部，但东流入海还要经过漫长的路程，你怎么能要求它一下山就必须入海呢？

中国一直到明朝末年，才开始将这根"西木"整体移植进来。双方情形差得这么多，还能理直气壮看成"半斤八两"的，也只可能是个别信奉"所有的科学不是物理学就是集邮"的极端"物理学沙文主义"者。只有他们会把从伽利略以来的"科学方法"在物理学内部的完善（科学因而得以在小小的地球表面展现威力）看成重要性压倒科学本身的发明的开天辟地的大事。但他们通常是"战斗在最前沿"的物理学家，对科学史仅有业余兴趣，不关心"中国古代有没有科学"这样的问题。

3. 中国古代到底有没有现代意义上的科学

和"有派"相比，"无派"的武器库就更丰富一些了。

20 世纪 90 年代江晓原著《天学真原》（真原就是实质的意思），此书一问世就逐渐被"无派"当作一把有用的兵刃，不时拿它向"有派"挥舞，因为它用大量史料和分析，论证了中国古代不存在现代意义上的天文学，这被认为在客观上从一个学科（在古代可是最主要的科学学科）为"无派"提供了证据，并且还提供了新的论证思路。

那么中国古代存在的、我们一直以为是天文学的东西是什么呢？答案是"天学"。何为天学？天文、星占之学也。这种学问在先秦时代由世袭的巫觋（wūxí，古代通天的人，女称"巫"，男为"觋"）掌握。古天文、星占之学，就属于上古通天之术；太史观星测候，无异于巫觋登坛作法。太史这一官职，在魏晋之前既是史官，又兼掌天文历法，因此，坚持"盖天说"的太史公司马迁要掺和改历，张衡成为伟大的天学家，都是他们的职责本分。所谓"巫史不分"的传统，就好比今天所说的"文史不分家"或"数理不分家"，是有充分道理的：历代官史——包括后来取得正统地位的私修史书——都少不了"史传事验"部分，就是将前代天象的编年记录、军政大事的编年记录及星占学理论三类不相干的东西关联在一起，集中编纂于《天文志》《五行志》《天象志》中，既具体地证实了"天垂象，见吉凶"，又在政治上作为进行道德教化的教材。只有让编载史事的人兼管天文历法，才可能做到游刃有余。

按吴国盛的说法（见《什么是科学》，广东人民出版社，2016年），天学是"礼学"：就它的终极目的而言，也仍相当于"政治巫术"；就它的主要内容而言，是天空博物学、星象解码学。天学中诚然也有数理内容与希腊天文学接近，即那些对日食、荧惑守心（火星在天蝎座心宿二附近长时间滞留，古人认为这种现象为大凶之兆）等天界灾异的推算预报技术，但因为从根本上并不坚信"天行有常"——即使预报不准也可用帝王"德行动天"圆过去，就只能停留在不乏计算天才的"历算术"水平。既然是一种"算术"，它并不十分依赖特定的宇宙模型，也无法对宇宙模型起到判定、选择作用——浑天说未能彻底取代盖天说，最终流于"浑盖合一"，更无法持续演化为精确的宇宙结构模型，便是出于这样的原因。

用一句话来概括：我们有宇宙模型，也有数学推算，但没有"宇宙的数学模型"，更没有自古相传、版本持续更新至今的这类模型——古希腊以来科学的最核心成分，并不在中国古人的"核心关切"范围内。

科学，作为一个持续不断地自我更新的知识体系，明显地带有古代西方"世界"多种文明长期竞争的出生环境所留下的先天印记。明朝末年，徐光启、利玛窦等人第一次企图将它整体移植到中国来。但"一方水土养一方文化"，西方科学在中国遭遇"水土不服"——在同时代欧洲很快被新系统所取代的第谷体系，在中国却被因循沿袭，成为清代官方天文学说达200年之久。"橘生淮北则为枳"，科学迁移到不适合的土壤，也会逐渐变成非科学。最后借徐光启因种种原因不得不中断《几何原本》后续翻译时说的话结束本章："续成大业，未知何日，未知何人，书以俟焉。"当时徐光启翘首以盼，可是就是不知道什么时候、什么人能够继续完成他所开启的大业，因而心有不甘地发出了这样的感叹。

（本章执笔：毛丹博士）

中外科学技术对照大事年表
（1912 年到 2000 年）
地 学

魏格纳发表著作《海陆的起源》，系统阐述大陆漂移假说

1913 年　　　　**1915 年**　　　　**约 1920 年**

霍姆斯《地球的年龄》出版，开创了年代地层学，他被誉为"地质年代之父"

皮叶克尼斯父子创立锋面和气旋的天气学模型，进而概括出反映气旋生命史的极锋学说

深海钻探计划中，在地中海发现五六百万年前的蒸发岩，许靖华等人提出当时地中海西端的直布罗陀海峡关闭，地中海快速干涸，直至约 500 万年前海水重新涌入

1970 年　　　**1967—1968 年**　　　**1965 年**

摩根等提出板块构造学说，地球科学第一次对全球地质作用有了比较完善的总体理解

海茨勒编制出海底磁异常条带对称分布图，验证了海底扩张学说

1972 年　　　**20 世纪 70 年代**

竺可桢发表《中国近五千年气候变迁的初步研究》，首次系统地探讨了中国历史上的气候变化

洛夫洛克提出盖娅假说，认为地球系统犹如一个有机体，能够自我调节，生物会对环境变化做出反应，从而缓和地球表面的变化

阿尔瓦雷茨父子根据地层交界处的铱元素含量异常，提出了关于恐龙灭绝的小行星撞击假说

沃克在出版的《印度气象局研究报告》中提出大气环流三大涛动，是气象学中最早被发现的大气遥相关，为季节预测开启了一扇大门

1923 年

周赞衡撰写中国人的第一篇古植物论文《山东白垩纪之植物化石》

叶笃正提出大气长波能量频散理论，至今仍是气象台站做 4—10 天天气预报的主要依据

1924 年

1927 年

苏姆金《苏联境内永久冻结土壤》出版，标志着冻土学成为独立学科

1949 年

查尼用计算机做出 24 小时数值天气预报

1948—1950 年

谢泼德《海底地质学》、克列诺娃《海洋地质学》及奎年《海洋地质学》出版，海洋地质学成为独立学科

1937 年

迪图瓦提出存在过劳亚古陆和冈瓦纳古陆

1950 年

1958 年

刘东生等人从黄土地层研究中，发现第四纪气候冷暖交替远不止四次，改写了传统的冰期学说，成为全球环境变化研究的重大转折

1960 年

皮卡尔和沃尔什下潜到马里亚纳海沟 10911 米深处，并停留了 20 分钟

1963 年

爱德华·诺顿·洛伦茨开创混沌理论，意识到完美的长期天气预报不可能实现

1980 年

谭其骧主编的《中国历史地图集》完成编撰

1998 年

霍夫曼重新论证"雪球假说"，认为 8 亿—10 亿年前格林威尔造山运动致使二氧化碳含量大幅降低，导致"冰室效应"

第二章

中国古代宇宙论从何而来

在公元前 1 世纪的《周髀算经》一书里，以及公元 2 世纪初张衡提出的"天论"中，出现了中国最早且较完整的宇宙结构理论，即周髀盖天说与张衡浑天说。中国宇宙学说最显著的特征是，与其他古老文明相比，成系统的"天论"出现年代相当晚，并且出现得相当"突然"。《周髀算经》盖天说的历史，即便从公元前 3 世纪后半叶的《吕氏春秋》算起，也要比希腊宇宙学说晚，比印度的类似学说更要晚得多；而从战国末期再往前看，中国宇宙学说就几乎是一片空白，完全不像希腊、印度宇宙学说那样，每项特征都有一个从最早期文献中的只言片语逐渐丰富、精细起来，或者说"浮现出来"的历史过程。

第一节
中国古代宇宙学说的异域色彩

1. 中国古代有哪几种宇宙学说

世界各地古老民族的宇宙观，可分两大类：一些民族相信"天"总体上像个圆盘，中间或有突起，天体平行于平面的大地旋转；当转得离我们太远或被中央高耸物遮挡时，就看不见了——太阳如果被遮住或超出可见范围，就称它为"夜"。另一些民族认为"天"像个圆球，带着天体围绕南北天极旋转，转入大地以下自然消隐不见——太阳转下去就称为"夜"。我们不妨称这两类"天论"为盖天式与浑天式。

为什么会有这样的区别呢？中国科技史学者李志超从"生活在北极与赤道的人群所见天象"的理想状态出发，推理得出"高纬度区的民族倾向得出盖天说"，"浑天说则源起于南方"。读者不妨闭目想象，自己站在北极点或赤道，只需眺望极昼期间太阳垂在地平线上方不远处，每天环绕观察者一周的景象，就足以得出盖天式的宇宙图景了。

与古希腊和古印度的"盖天说"相比，中国盖天说可谓相当年轻，又细分为三家，即（王充）平天说、《周髀算经》盖天说和"周髀家"盖天说。平天说问世后并未引起重视；《晋书》中的"周髀家云"仅九列字，而且自西汉学者扬雄以来，"浑盖之争"里扮演主角的都是《周髀算经》盖天说，它在内容上确实比"周髀家"盖天说更为精细、丰富且具说服力，年代上又至少有一个半世纪的演化史。所以，我们以《周髀算经》为中国盖天说的代表。

古代中国不像希腊，没有构造几何宇宙模型的传统。宇宙究竟是什么形状或结构，古代中国的天学家通常也不追问，《周髀算经》在这方面却例外——书中构建了古代中国唯一的几何宇宙模型。这个模型有明确的结构，也有绝大部分能自洽（按照自身的逻辑推演，自己可以证明自己至少不是矛盾或者错误的）的数理。

2. 浑天说与盖天说相争

与盖天说相比，浑天说的地位要高得多——事实上它是中国古代占主导地位的学说。然而，它却没有一部像《周髀算经》那样系统陈述这一学说的著作。《浑仪注》传统上认为是张衡所作（有争议），通常被视为纲领性著作，它见于文献是 7 世纪中叶的事了，很短，只流传下来一段两百来字的记载。《开元占经》卷一所引全文如下（不完整引文亦见于《晋书·天文志》）：

浑天如鸡子。天体（"天的形体"）圆如弹丸，地如鸡子中黄，孤居于内。天大而地小。天表里有水，水之包地，犹壳之裹黄。天地各乘气而立，载水而浮。周天三百六十五度又四分度之一，又中分之，则一百八十二分之五覆地上，一百八十二分之五绕地下。故二十八宿半见半隐。其两端谓之南北极。北极乃天之中也，在正北，出地上三十六度。然则北极上规径七十二度，常见不隐；南极天之中也，在南，入地三十六度，南极下规径七十二度，常伏不见。两极相去一百八十二度半强。天转如车毂之运也，周旋无端，其形浑浑，故曰浑天也。

张衡告诉我们，天的形状像鸡蛋一样，是椭圆形的，大地像鸡蛋中的蛋黄，浮在天中。天比较大，地比较小，天的表面有水，水包围着地，犹如蛋壳包着蛋清，蛋清包着蛋黄一样。周天（绕天球大圆一周）为三百六十五度又四分度之一，又从中间将它分开，一百八十二分之五覆盖在地上，一百八十二分之五环绕在地下。因此，二十八宿有一半是看得见的，有一半却是不显露的。北极、南极都是天的中心，两者相距一百八十二度半多一点。北极在正北，地平高度是三十六度，南极在南边地平线下三十六度。北极上规径七十二度常常是显现的，而南极下规径七十二度常常是隐藏着看不见的。天的运转如同车轮的旋转，旋转的时候无始无终，它的形状浑然一体，因此称为浑天。

如果说这就是统治中国天学近 2000 年的浑天说的基本理论，未免太简单了。不要说和希腊各种地心天球宇宙模型比，就是拿来和《周髀算经》中的盖天理论对照，也给人这种印象。

浑天说起源时间一直未能确定，最晚也就到张衡的时代，再怎么追溯也早不过战国晚期——这与中国文明的悠久历史很不相称；而从与盖天说同时崭露头角，到成熟、定型却很迅速，仅用 200 年就进入"浑盖之争"。盖天说缺陷明显，浑天说也同样不能令人满意，因为它带来天、日从水下过和固定北极出地等新问题。同时，浑天说又与盖天说一样，有地平观念下"千里差一寸"、大地尺度与天相差不远等老问题，要么与传统观念冲突，要么与天文观测实践矛盾，于是激起宇宙论创新的高潮：除了浑天说、盖天说、宣夜说三种学说，又出现了平天、昕天、安天、穹天四种学说。

到了实际做过大范围天文大地测量的唐代一行那里，他认为浑天说、盖天说都有说不通之处，都不能太过当真。浑天说、盖天说尚且如此，其他几种这里就不再赘述。

3. 浑天说的起源有什么令人费解的地方

（以下参阅毛丹《从北极出地设定看浑天说与希腊宇宙论之相应内容》。）在张衡浑天说仅有的 200 多字的记载中，还有一个关键的细节，就是北极"出地上三十六度"，意思是说，北天极的地平高度是三十六度。球面天文学常识告诉我们，它并不是一个常数，而是随着观测者所在地理纬度变化而变的——数值上恰好等于当地的地理纬度。因此对于一个宇宙模型来说，北天极的地平高度并不是一个必要的参数。但那段文献的作者显然不这样认为，所以，一本正经地将北天极的地平高度当作一个重要的基本数据来陈述。"从张衡开始到祖暅，无不以北极出地三十六度为说，这是难以理解的"（陈美东：《中国古代天文学思想》）。

这个费解的细节提示了什么呢？

这段文献有可能只是残剩下来的部分。从内容上看，它很像是在描述某个演示浑天理论的仪器——中国古代称这种仪器为"浑仪"或"浑象"。一个很容易设想的合理解释是，在这段文献所描述的这种仪器上，北天极被设置成地平高度为三十六度。而我们知道，任何按浑天说建造的天象观测仪器或演示仪器，当它在纬度为三十六度的地区使用时，它的北天极就会被设置成地平高度为三十六度。

所以，这个费解的细节很可能提示了：浑天说来自一个纬度为三十六度的地方。

如果从地图上推断浑天说创立的地点，那么上述历史文献中可能与浑天说创立有关系的地点只有三个：

长安（今陕西西安），落下闳等天学家被招来此地进行改历活动；

洛阳，张衡两次在这里担任太史令；

巴郡阆中（今四川阆中），落下闳的故乡。

前面提到的"度"，都是指"中国古度"，与西方的360°圆周之间有如下换算关系：一中国古度 = 360/365.25 = 0.9856°。因此，北极"出地上三十六度"的现代表述就是：北极的地平高度为 35.5°。

现在来看长安、洛阳、阆中的地理纬度（分别以现代城址为代表，因为不需要太高精度）——

西安：北纬 34.2°

洛阳：北纬 34.4°

阆中：北纬 31.5°

它们和所要求的北纬 35.5° 都有 1° 以上的差距。以汉代的天文观测水准，误差超过 1° 是难以想象的，何况是如此基本的参数。

这问题就大了——浑天说到底是在什么地方创立的呢？

4. 浑天说创立地与古希腊有何关联

我们干脆画一条 36° 或 35.5° 的纬度线，由中原地带一直向西，看看会遇到什么特殊地点。

果然有这么一个极特殊的地点，即位于现代希腊东部、小亚细亚西南海岸外的罗得岛。它恰好被北纬 36° 线穿过。这座岛曾以"世界七大奇迹"之一的太阳神雕像著称，但使它在世界天文学史上占有特殊地位的，则是伟大的天文学家希巴恰斯（Hípparkhos）。

希巴恰斯长期在这座岛上工作，这里有他的天文台。自他以来，罗得岛成为重要性仅次于亚历山大里亚的天文学摇篮，波塞多纽（Poseidōnios）及其弟子格雷俄梅德（Kleomēdēs）、革弥诺（Gemīnos）相继活跃在这里。

革弥诺著有《天文学导论》，共 18 章，其中论述往往以罗得岛为参照点，该书第 5 章中写道：

……关于天球仪的描绘，子午线划分如下，整个子午圈被分为 60 等份时，北极圈（北天极附近的恒显圈）被描绘成距离北极点 6/60（36°）……

也就是说，当时革弥诺描绘的天球仪的"北极出地"就是 36°，这恰好就是罗得岛上希巴恰斯天文台的地理纬度。

这时候不一定要考虑换算得来的 35.5° 了。为什么呢？

如果在公元元年前后或稍后的某个年代，有

人向某个中国人（比方说那段传世的《浑天仪注》的作者或记录者）描述或转述一台罗得岛上的天球仪，那么天球仪上的北极出地 36° 对一个不是很专业的听众或转述者来说，都很容易将它和中国古度的三十六度视同等价。

退一步说，即便要换算，我们的"地图作业"也成功地将误差减小到不足原先的一半——看来古代中国的两种主流宇宙模型中，早有古希腊的影子若隐若现。

第二节
外面的世界很精彩

1. 科学史上的希腊奇迹是怎样创造出来的

旧大陆也叫"世界岛"，是相对于南北美洲、大洋洲等大航海时代以来发现的新大陆而言，它包括中国所在的东亚、中亚、南亚、西亚及欧洲与北非等"区块"。

和大洋洲、美洲相比，旧大陆非常独特。一方面它地域辽阔、地理环境纷繁多样，各大区块的文明"地方特色"显著，大家都积累了很高的文化自信，即使一时被征服也很难被彻底同化。但另一方面，彼此还没隔绝到难以交流、学习的程度，条件比"远隔重洋"的大洋洲、南北美洲优越得多。因而早在上古时代晚期（公元前13世纪，中国商代中期），以地中海东部为焦点，异质文明间交流学习、贸易或索贡巡行、对抗乃至征服的"古代世界史"就悄然发端了。塔克拉玛干沙漠至青藏高原以东的亚洲相对孤立，但比起撒哈拉沙漠以南的非洲就不算什么了。它们分别要晚 1000 多年和 2000 多年，才加入到这热闹非凡的"亚非欧大舞台"的演出里来。

　　公元前 6 世纪末，经过长期征伐，第一个横跨亚非欧的"世界性"帝国——波斯帝国（即波斯第一帝国或称阿契美尼德王朝）横空出世。从南亚的印度到埃及、希腊，人们旅行于这广大地域的各文明区之间变得空前方便。早些时候，也就是公元前 6 世纪初，在后来成为帝国西部边陲的小亚细亚西海岸叫伊奥尼亚的地区，有一些繁荣的自由城市，以米利都最为著名；这些希腊殖民地早在公元前 7 世纪中叶就结成联盟，人称"伊奥尼亚十二城邦"。正是在这里，在波斯帝国诞生前夜，悄然孕育了另一种"知识文化"，与雄踞东亚的中国古代知识体系迥然有别。"米利都学派"中有"科学之父"美誉的泰勒斯去世时，孔子刚出生不久（江晓原通过孔子出生当年的大食分日偏食，推算他出生于公元前 552 年 10 月 9

日）。之后是提出"圈环宇宙论"的阿那克西曼德，最后是阿那克西美尼，后者去世时波斯帝国正在吞并埃及，而孔子正值盛年——从孔子出生到年近不惑，"米利都学派"已历三代，中国以西整个旧大陆古代世界的格局更是天翻地覆。

我们在这里可以明显感到知识代谢的速度在加快。而这种独树一帜的"知识文化"，就是希腊哲学和稍后从中分离出来的希腊数学和希腊科学。它们作为中世纪阿拉伯科学乃至近代欧洲科学的直接前身，至 2 世纪达到顶峰，3 世纪后迅速衰落，到 5 世纪，已沦为背诵、诠释"古人的科学"的乏味活动，直到 8 世纪，才开始被阿拉伯人继承发展。

要说明希腊科学为什么在希腊诞生，未免过于艰巨。这里只提两点。其一，爱琴海的海岸线支离破碎，有很多良港。岛屿密布，又有海路直通黑海沿岸的粮食产地——这些都提供了远途大规模粮食贸易的可行性，从而确保城邦虽小却难以被征服，作为主流的国家形态长期存在；其意外后果是，大批知识分子无法被民主化浪潮日益激进的城邦政治所吸纳，或自愿或被迫远离政治，将兴趣转向自然。其二，城邦长期需要出口大宗商品以购进粮食，建造和维持舰队，发放薪金，导致货币经济早熟；希腊早期知识分子以贵族、富商为主，受惠于此而能漫无目标地游历古典世界，无须谋得一官半职。波斯帝国的建立也适逢其时，它的最盛时期（公元前5世纪），也恰是公元前6世纪的希腊自然哲学向公元前4世纪的希腊科学过渡的转折点。

公元前4世纪哲学与科学的中心在雅典；最著名的三代相继的师生，他们是苏格拉底、柏拉图、亚里士多德。亚里士多德及其弟子做了最大量、最广泛的研究工作，但这些研究工作影响好坏要到1600年后托马斯·阿奎那与"大谴责"的时代才能充分显现。深刻影响当时希腊科学走向的是柏拉图"拯救现象"的研究纲领——如何用"完美的"圆周运动的组合，解释表面上很不规则的行星（包括日、月）视运动？欧多克索斯响应这个纲领而建构出第一个同心球宇宙模型，分别用3个或4个同心球的规则运动"合成"天体的视运动，虽有瑕疵（比如不能解释行星视亮度的显著变化），却有开创之功。他在数学史上的贡献是以比例理论克服了由不可公度比（无理数）的发现所引发的第一次数学危机。

2. 波斯帝国的毁灭给希腊科学带来怎样的机遇

波斯帝国与希腊科学确实缘分不浅：一方面，它的兴起大大促进了希腊自然哲学、数学的发展和传播，既便利了认同帝国的希腊人四处游历，又迫使反帝国的希腊哲人向西流亡，建立新学派；另一方面，它的毁灭甚至带给希腊科学更大的发展机遇。

公元前 334 年，亚里士多德的学生马其顿国王亚历山大大帝率领约 4 万步兵、5000 骑兵侵入亚洲，10 年内横扫波斯帝国，建立了马其顿——希腊人主导的新帝国。这便是"希腊化时代"的开始。从欧堤得墨亚（即奢羯罗，位于今巴基斯坦旁遮普省）到恩波里翁（今西班牙的安普里亚斯），从黑海北岸到尼罗河第二瀑布，主要演变自阿提卡方言的通用（希腊）语（hē koinē diálektos）成为政客、商人、学者及市民的日常使用语言，也为《新约》所用。这就是"希腊化世界"的大致范围。希腊化时代之初，科学家已从哲学家群体中分离出来。古人虽仍称他们为几何学家或哲学家，但如阿基米德这样的学者，他们的研究领域已与哲学无关。

哲学的中心仍在雅典，罗得岛也开设了不少哲学学校，而亚历山大里亚、帕加马、罗得岛等科学中心则涌现出大批杰出的科学家。"毗邻埃及的亚历山大里亚"（当时的人不认为托勒密王朝的都城亚历山大里亚是埃及的一部分。此托勒密不可与 2 世纪伟大的科学家、星占学家、古代科学的集大成者托勒密混淆）在众多"亚历山大城"当中独领风骚——公元前 323 年亚历山大大帝猝崩于巴比伦后，帝国被他的部将瓜分。

有雄才大略的托勒密不急于争夺马其顿统治权，却统治埃及并建都于此，他继承并发扬了亚历山大大帝支持学术的传统和标榜自己"希腊正统性"的一贯做法。公元前 3 世纪初，古代世界三项著名工程——大缪斯宫（另译博物院、学宫等）、大图书馆和大灯塔相继落成，该城一时人文荟萃，英杰辈出，希腊化时代大量的精确科学和实验研究都将在这里展开。

此后，欧几里得奠定公理化数学体系，并将其用于光学；阿里斯塔克首倡日心说，并测算太阳、地球、月球的相对大小和距离；长期担任大图书馆馆长的埃拉托色尼，人称"地理学之父"，测量了地球的周长，并首次绘制了有经纬线的世界地图（尽管地中海、黑海以外部分很不准确）；希巴恰斯编制了 1000 多颗恒星的星表，并发现了天极相对于恒星背景运动所致的岁差，还开创了三角学；阿波隆尼将圆锥曲线（椭圆、抛物线、双曲线）研究到无以复加，并提出沿用至 16 世纪的偏心天球体系；阿基米德完成几何式的微积分雏形和三次方程解，并将公理化体系推广到静力学。以人体解剖为基础的生理学、化学的前身炼金术，也同样在此城奠基，甚至出现了科学与技术结合的趋势。

3. 希腊科学的黄金时代是怎样结束的

科学仿佛可以跳过沉闷的古典晚期与中世纪前期直接步入近代，不料却急转直下。用素有"电子游戏教父"之称的加拿大席德梅尔"文明"系列游戏老玩家熟悉的话说："你的黄金时代（这个回合）结束了。"

时值大图书馆第五任馆长阿里斯塔克（Arístarchos，与天文学家阿里斯塔克不是同一人）在位，公元前145年"爱母者"托勒密六世的幼子登上法老之位，第二年于他的寡母与幼叔婚礼当日被杀。篡夺王位的托勒密八世自称"恩主"二世，但被亚历山大里亚居民称为作恶者（kakergétēs），被学者们称作饕餮/大肚皮（physkōn）。包括馆长本人在内，一众学者被迫逃往塞浦路斯、罗得岛、帕加马和雅典等——后面三个地方不在托勒密王朝统治下。

经过这场"学者撤离"（secessio doctorum）事件的打击，加上希腊化晚期地中海东部总体局面混乱凋敝，数理科学就此一蹶不振达300年。

其间希腊科学虽传入拉丁语世界，但少有开创。即使是以1世纪赫戎（Hērōn）和2世纪托勒密为代表的应用与理论科学复兴，也未能再现希腊化时代人才辈出的盛况。

算上序曲尾声，希腊科学的兴衰史大致可分五个阶段：古风（公元前8—公元前6世纪，是希腊地区在荷马时代结束之后古希腊地区普遍出现城邦制国家的时期）后期萌芽，城邦古典时期形成，希腊化时代繁荣，希腊化晚期到罗马帝国初年陷入低谷，元首制帝国盛期复兴，3世纪社会危机至东方化时期最终衰落（参阅毛丹《希腊化科学衰落过程中的学术共同体及其消亡》）。

但是，希腊科学的碎片是仅仅向西以一种"大众手册的水准"传入拉丁语世界，同时又向东方缓慢地渗入梵语世界吗？希腊化世界的版图曾直抵帕米尔高原，与两汉控制范围西端衔接，希腊科学有没有若干碎片像后来明清之际西学东渐时那样，向东传入汉语世界呢？从前两节讨论来看，回答是肯定的。

江晓原评论，亚历山大大帝虽然33岁就死

了，但他的东征类似某种原始推动，也包括把欧洲的知识向更远的东方传播，就好像投下一颗石子在水中，"一石激起千层浪"，这种历史波纹的扩散可以延续好几百年，而中国古代天学的中外交流，自此往后 2000 年持续不断。

也许有人会想，那有没有从中国传到西方去的呢？有，但确实比较少。亚历山大东征是由西向东，他推动的传播也由西向东。从中国向西方传播确实也有，但现在看来，这和从西方逐渐传播过来的运动似乎是两个独立的事情，具体表现也不一样。比方说日本在唐代全面学习中国的文化制度，一部不起眼的唐代《宣明历》在日本沿用了 700 年。当然我们也向外传播，但基本上在汉字文化圈内，比如传播到朝鲜半岛、琉球、日本、越南等。这与从遥远的西方传播过来有所不同。

（本章执笔：毛丹博士）

第三章

西来帆影：船舶技术第一次传播浪潮

多数人也许从来没有想过这个问题：自李约瑟以来，"古代中国科技长期领先"的说法深入人心，电视剧《三国演义》或电影《赤壁》的观众可能不觉得帆船激战的场面有何怪异或可疑。但如果我们从技术史角度考察，赤壁大战时有没有简单的帆船，要打个大问号。

李约瑟指出："所有最古老和最基本的发明，例如火、轮子、耕犁、纺织、动物驯养等，只能想象为由一个中心地区起源，而后再从那里传播出去……对于较复杂的发明，例如手推转磨、水轮、风车、提花机、磁罗盘和映画镜等，人们也有同样的想法。"现代人看来简单的发明，对缺乏技术条件的古人来说，却需要非常难得的机缘巧合。独立发明一项技术比扩散一项技术要难得多。

已知最早的风帆出现在古埃及。约公元前3100年，陶瓶上就出现了帆船纹。这绝非偶然，因为尼罗河上的航行条件很特殊。盛行风从北方吹来，逆流航行时只需要升起桅杆、展开船帆，顺流而下时就把它们降下——这就是所谓的"机缘巧合"。黄河流域和长江流域处于风向多变的季风气候区，且河道曲折，因此不具备这样的机缘。那么中国是何时出现帆船的？独立发明的机会有多大？

第一节
古代中国风帆技术的起源

1. 中国的帆船最早出现在什么时候

赤壁之战发生于东汉末年。当时刘熙所著《释名》一书中的"随风张幔曰帆，使舟疾汎汎然也"，是对风帆功能的最早记载，意思是：帆是用来泛舟的，顺着风势张挂布幔叫作"帆"，让船走得快。这有"帆"的船指的是汉朝的船还是外来商船，暂时还不知道。我们可以说，当时人们已经知道了帆，但仍可能是从国外传进来的。

有趣的是，对 208 年赤壁之战的三种记载给了我们很大启发。

其一，《三国志·吴书》裴松之注引《江表传》："时东南风急，因以十舰最著前，中江举帆，盖举火白诸校……"

其二，《三国志·吴书》："又预备走舸，各系大船后，因引次俱前……盖放诸船，同时发火。时风盛猛……"

其三，《艺文类聚》注引王粲《英雄记》中每艘"轻船走舸"有"五十人移棹"。

对同一事件的三种描述，从明确划桨到说明不详，再到明确有帆，文字记载的年代恰好一个比一个晚，这难道只是巧合？能否据此认为，古人对赤壁之战中的那一抹帆影的印象，实际上是一种记忆篡改？

那么确切的中国帆船记载始于何时？张揖在227—233年写的《埤苍》一书中已有"樯，帆柱也"的记载；1996年湖南长沙出土的三国吴嘉禾二年（233年）"走马楼舟船属具简"提及"大樯一枚长七丈"，可认为当年已经出现了风帆，且用于湘江流域的内河运输。还有文字记载，253—254年风帆已用于军事运输。

综上所述，帆船在中国出现于东汉中期至三国初，最可能为东汉末年，但3世纪初仍不常见。

从南越灭亡到三国时期，所有提到帆船的记载，要么直接说明不是汉船，要么至少不能推测为汉船。既然最晚到西汉中期已有奢侈品从海外流入中国，却没有中国船承运的迹象，史籍中又多次出现对"外徼"或"外域"船的赞叹描写，那么，自然可以推测出：公元前 1—公元 3 世纪的 400 年间，外来大型帆船主导着东西方海上奢侈品贸易，当时的中国人见过这种船并意识到了它们的优越性。而中国帆船的出现、推广比这晚得多，应是受外来帆船的启发而模仿、借鉴的产物。

2. 两汉三国出现的帆船是中国的吗

帆船上挂风帆的杆叫桅杆。桅也叫"椳"或"樯"，但是，直到东汉末年，没有任何文献表明这三个字与帆有关。

上文提到的东汉末年刘熙的《释名》中提到："其前立柱曰椳。椳，巍也，巍巍高貌也。"许慎所著《说文解字》的解释更有意思：桅是"黄木可染者"，椳是"门枢"，都和帆不沾边。因此，字的意思是随时代演变的，不能贸然认定"帆"

一开始就指那种风力推进装置。

以下史料都曾被解读成两汉三国时期中国不但有帆船，而且有性能优异的风帆大海船的证据。但这些"证据"无不透出浓郁的"异国风情"。

最常见的记载出自三国时吴国人万震的《南州异物志》（原书已散失）："外徼人随舟大小，或作四帆……其四帆不正前向，皆使邪移，相聚以取风……"徼就是边境，外徼人即古人所谓的"蛮夷"。又有："外域人名舡曰舡，大者长二十余丈，高去水三二丈，望之如阁道，载六七百人，物出万斛。"这部专门记述新异事物的著作，描述的显然是"夷狄"而非中国的风帆技术与大海船。

最匪夷所思的是对《汉书·地理志》一段文字的误解。这段文字描述的是武帝平南越后"海上丝路"的盛况，有人即由"船行若干月／若干日，有某某国"之语推断出汉代的船能远达印度洋。但其实这些表述只是在描述距离，并无"汉船"行了若干月、抵达某处之意。后面"蛮夷贾船，转送致之"说得更明确：西汉时期是异国商船在主导中外海上交通。

第二节
航海技术东西方传播浪潮的兴起

1. 中国人对域外船舶的最初印象是什么

值得注意的是，风帆的起源与风帆海船的起源不是一回事。拥有通航内河的帆船不代表具备远洋航行能力，两种技术的影响力也不可等量齐观。

有据可查的最早的域外船舶记载见于《汉书·地理志》：

自日南障塞，（故而），（由）徐闻、合浦船行可五月，有都元国，又船行可四月，有邑卢没国……步行可十余日，有夫甘都卢国。自夫甘都卢国船行可二月余，有黄支国，民俗略与珠崖相类。其州广大，户口多，多异物，自武帝以来皆献见……所至国皆禀食为耦，蛮夷贾船，转送致之……黄支之南，有已程不国，汉之译使自此还矣。

　　这段话的意思是，自从日南（古地名，位于今越南中南部）阻塞不通以后，因此从徐闻（古地名，位于今广东雷州半岛南端）、合浦（古地名，位于今广西北部湾东北岸）乘船，航行五个月，有都元国（古国名，位于今印度尼西亚苏门答腊岛东北部）；又航行四个月，有邑卢没国（古国名，位于今缅甸勃固附近）。……步行走十余天，有夫甘都卢国（古国名，位于今缅甸伊洛瓦底江中游卑谬附近）。自夫甘都卢国航行两个多月，有黄支国（古国名，位于今印度东南海岸的康契普腊姆）。……黄支国的南面有已程不国（古国名，位于今斯里兰卡），汉朝负责传译的使者到了这里就返航了。

　　这段记载对域外船舶本身既没有描述，也没有褒贬。这就是中国人对武帝时期（希腊化晚期）航行于东南亚、印度洋船舶的印象。虽然学界对这段文字所述路线有多种解读，但其西方终点"黄支国"和"已程不国"却争议不大。一般都认为"黄支国"位于印度的东南海岸泰米尔纳德邦首府金奈西南的康契普腊姆，"已程不国"即斯里兰卡。

斯特剌邦《地理学》引述欧内席格里多（Onēsíkritos）的话说，该岛距离大陆有二十天的航程；但是他又说道，这里的船只航行困难，因为它们的船帆不好，两边又没有设置肋板。

斯特剌邦是与庞培、屋大维同时代的人；欧内席格里多则追随亚历山大远征亚洲，并在舰队返航时担任他的座舰领航员。可见公元前4世纪末（希腊化早期）的南印度海船虽已有帆，但与同时代西方相比则相形见绌，200年后也没有给中国人留下深刻印象。

2. 风帆航海术是怎么从西方传到中国的

公元前3—公元前2世纪，欧亚大陆的海船技术大致为：西方风帆海船已很成熟，印度的风帆技术初兴，中国则尚无装备风帆的专门海船。

在古希腊人阿里安所著的《亚历山大远征记》里，有一段印度人对希腊船的描述，大意是印度人从来没有见过船上装马，当他们看见希腊船上载有马匹时，很惊奇。因此，希腊舰队出发时来看热闹的印度人成群结队地跟着舰队沿河走了很远的路。

3 世纪的中国史料《吴时外国传》中出现了对外域船舶更细致也更明确褒扬的记载：

乘大舡（即船），张七帆，时风一月余日，乃入大秦国（古代中国对罗马帝国及近东地区的称呼）。

扶南国（1 世纪至 7 世纪末中南半岛的一个古老王国）伐木为舡，长者十二寻（一寻为八尺），广肘（船宽六）尺，头尾似鱼，皆以铁镊露装。大者载百人……

可见，最晚到 3 世纪，东南亚、南亚的海船已具备多帆、动力性能好、船身大、载货多等特点。

以上有两点特别值得注意。起先是印度人对希腊人的船表示惊异，后来则是中国人对印度—东南亚的船表示惊异。这两个"惊异"不仅体现了自西向东航海术的"梯级落差"，并且蕴含着模仿的动机。按李约瑟的理论预设，既然有"交流和传播的客观可行性"，更有明确的接触记载和模仿动机，那么，将该时段南亚及以东航海术的发展视为同源扩散或刺激的结果，就是自然的推论。

从时间和造船技术的相对成熟度看，船舶技术的传播是由西向东。除此之外，从船的外形也可看出船舶技术的传播方向只能是自西向东。上文提到的扶南国的船，船身狭长且首尾呈尖形，与希腊传统的舰船外形一致，而与中国船舶的典型外形（大体上是长方，有船尾横材和隔舱结构，却没有尖形船首或船尾）截然不同。再联想到扶南国境内出土的罗马金币，两者之间的联系昭然欲揭。"中华文化圈内的人，每当看到其他文明国度的尖形首尾的船只时，总是感到十分惊奇（舟如梭、渡船如弓鞋）"，直至 13 世纪依然如此（李约瑟语）。

3. 什么事件让古印度人和中国人先后赞叹不已

但我们仍要追问：公元前 3 世纪至公元 1 世纪的几百年间，有什么具体事件，使古印度人对其的印象大有改观，且让再过 200 年后的中国人赞叹不已？

遍阅史料，最可能刺激这一惊人发展的事

件，是公元前 1 世纪后半叶从红海驶往印度的希腊商船数量激增。

在托勒密王朝末，"每年穿越阿拉伯海（红海）到曼德海峡的商船数量不到 20 艘"，但在公元前 27 年，盖维斯·屋大维·奥古斯都建立起罗马帝国后，每年至少有 120 艘船从米乌斯·赫尔穆斯（Myus Hormus）出曼德海峡到达印度。希腊人的大船带着黄金而来，满载胡椒而去。（当时，对欧洲人来说，胡椒是难以买到的奢侈品。胡椒是原产于南印度的热带植物，所以不能在中东的阿拉伯以及欧洲种植。当时只能通过陆路从印度千里迢迢地运输。）

（引自张绪山《罗马帝国沿海路向东方的探索》，

《史学月刊》2007 年第 1 期）

随着海上贸易的利益刺激，船舶技术也日益改进，逐渐出现了"巨型化"的船舶：公元前 2 世纪后半叶最大的希腊商船可载货约 1800 吨，罗马帝国的运粮船可承载 1300 吨以上的谷物。

作为参照，当时秦汉造船厂（在今中国广州）生产的平底船载重为30—60吨。

其他方面，16—19年，日耳曼尼库斯为了从北海沿莱茵河逆流而上进攻日耳曼人，组建了1000艘船的舰队。

这些都是典型的由技术进步、贸易刺激引起的航海大发展。1—3世纪突飞猛进的南亚海船文化，是"南亚土著海船文化"与西来的"较高海船文化"融合的产物。

延伸阅读

为什么说汉武帝时期的海船勃兴只是昙花一现

由传播驱动的海船大发展在南亚—东南亚影响深远，为何对东亚却影响有限，只出现了风帆？

很自然的解释是，从西汉末到东汉初虽然希腊商船航往印度的数量激增6倍以上，但抵达中国的外来船只实际上非常少，外部刺激的力度不够：

1. 同期中国文献中不少地方提及本土船，但都是军用或转运船。东汉自身的海船运输甚至有显著的衰退趋势。东汉初期尚能维持的官方海运由于风险太大，到东汉中期已让位于更安全的陆路与内河水运了。

2. 相比于风帆技术的引入，风帆海船的长足发展要求更强的外部刺激；而当缺乏刺激时，停滞不前乃至衰退是正常现象。即使武帝时期的航海技术也不宜估计过高：西汉中期海船的突然兴起，是割据政权间的竞争压力所致，因缺乏技术和经济的足够支撑，难以持久。

公元前149—公元前146年罗马灭亡迦太基后，罗马海军也随之"鸟尽弓藏"，听任海盗肆虐，直至威胁到罗马本身，因此才有公元前67年的庞培肃清海盗；汉武帝时期的海船勃兴也是特殊形势下的昙花一现。

（本章执笔：毛丹博士）

第四章

随佛教大举东传的西方天文学

  《西游记》是中国四大名著之一，全书主要讲述了唐僧、孙悟空、猪八戒和沙僧师徒四人一路西行取经，途中降妖伏魔，经历九九八十一难，终于到达西天见到如来佛祖，取得真经的故事。故事中的"西天"指的就是印度，"真经"指的就是佛经。《西游记》是明朝吴承恩根据当时的社会现实虚构的作品，也能从侧面反映出明朝时期中国已经在佛教等方面与印度有了密切的文化交流。

第一节

古代印度天文学对中国影响深远

---

1. 印度天文学为什么可以繁盛千年

印度的佛教早期曾于六朝隋唐时期在中国兴盛，一些印度天文历法知识也随着佛经被一并传到了中国。那时候的印度天文学比中国天文学先进，对天文历法精确性的追求也促进了中国学习和吸收印度天文学。因此在一开始，我们有必要对古代印度天文学有一个较为详细的了解。

根据印度天文史学家大卫·平格里的研究成果，古代印度的天文历法的发展大致可以划分为以下五个阶段：

1. 吠陀天文学时期，约公元前 1000—公元前 400 年；

2. 巴比伦影响时期，约公元前 400—公元

200 年；

　　3. 巴比伦与希腊同时影响时期，约 200—400 年；

　　4. 希腊—印度时期，400—1600 年；

　　5. 伊斯兰天文学影响时期，1600—1800 年。

　　从阶段的名称可以看出，除第一阶段之外，古代印度天文学先后受到了来自古代巴比伦、古代希腊以及伊斯兰天文学的影响。特别是古代巴比伦和古代希腊天文学因素的作用，使得古代印度天文学在第二阶段和第四阶段出现过飞跃式的发展。

　　印度的天文历法最早建立于公元前 1000 年（相当于中国的西周时期），虽然当时还未有独立的天文历法书出现，但如二十八星宿名和年、季节、月份、日期之类的天文历法知识，都体现在一些名为"吠陀"的印度古老宗教文献当中，因此得名吠陀天文学。

　　吠陀天文学时期即将结束时，巴比伦天文学的一些要素通过某种途径传入了印度。吠陀文献中的那些天文历法知识逐渐形成体系，独立成书，是印度最早的天文历法书《周谛示》（周谛示是梵语"jyotiṣa"的音译，jyotiṣa一词源自表示"光亮"的"jyotis"，说明该学问和日月星辰有关，即天文学），里面详细记载了太阳年、朔望月和历日等印度古代天文历法中最基本也是最重要的概念。以该书为标志，印度天文学进入了第二个阶段巴比伦影响时期。

《周谛示》的时代之后，印度的天文历法接着又经历了一段受巴比伦天文学和希腊天文学共同影响的时期。为了更精确地推算日月行星的位置，从而更好地进行星占预测，印度天文学从5世纪起发生了较大的变革。被称为"悉昙多"（意为"体系"）的一类天文历算书开始大量出现（如阿耶波多的《阿耶波多历算书》、瞿昙日的《五大体系汇编》、婆罗摩笈多的《婆罗摩修正体系》，等等）。它们在保持"纪""星宿坐标"等传统概念的同时，又采用了希腊的天球概念、本轮—均轮模型和三角学计算方法，对天体的计算精度也大大提高了。随后，印度天文学进入了长达1000

多年的繁盛期，即第四阶段的希腊—印度时期。

古代印度天文学发展的最后一个阶段是伊斯兰影响时期。1200—1600 年这段时间，由于阿拉伯人、突厥人和蒙古人先后入侵并占领了印度中部、北部地区，包括天文学在内的印度本土文化衰落。1526 年，有突厥血统的蒙古人帖木儿的后裔巴布尔建立莫卧儿帝国（1526—1857）。莫卧儿帝国信奉伊斯兰教，波斯语是宫廷、公共事务、外交、文学和上流社会的语言。在此背景之下，从 1600 年开始，一直到 1800 年，侍奉于莫卧儿帝国的印度天文学家开始学习、吸收伊斯兰天文学知识，其中有星盘制作、天文计算表的编制以及阿拉伯语《至大论》的翻译等。

从印度天文学的发展历程中不难看出，域外因素特别是来自巴比伦和希腊的西方天文知识，在印度天文学的形成过程和理论变革中起到了至关重要的作用。并且，这些知识在被印度吸收后大都保留了它们原来的面貌，如《周谛示》中的折线函数在后来婆罗摩笈多的论著中也能看到；《阿耶波多历算书》中希腊早期本轮—均轮体系也并未在后期被托勒密体系取而代之。如同地质地层一样，时间来源不同的西方天文学知识在印度天文学中层层叠加，共同建立起一套在当时堪称先进的数理天文学体系。

5世纪起（大致相当于中国南北朝时期）的印度天文学，无论是在理论水平还是在计算精度上，都优于同时期的中国天文学，这是印度天文学能输入中国的先决条件。

2. 印度在大唐的"天学三家"是谁

唐朝为中国历史上高度开放、高度繁荣的盛大帝国。印度天文学传入中国，也在唐朝时达到最盛。那时候有来自世界各国各族的人到唐朝做官，其中很多人还获得了较高的官职。唐朝的皇家天学机构中就出现过几个印度天文学世家，由他们所引进的印度天文学也取得了一定程度的官方地位。其中，迦叶、拘摩罗、瞿昙三氏影响最为深远。

迦叶氏

关于迦叶氏，目前已发现的材料不多。《旧

唐书》中有一段"迦叶孝威等天竺法"的简述，记载了推算日食、月食的方法等，据此推断迦叶氏可能擅长用印度天文学的方法来推算交食（天文学术语，指一个天体经过另一个天体前方，将后者部分或完全挡住的现象）。在中国古代，日食、月食这一类的天象往往和帝王的执政能力联系在一起。日食被看作"凶兆"，它的发生意味着天子政行昏庸，此时皇帝就要脱去龙袍、换上素服，或是颁布"罪己诏"等表示悔过。等日食结束、太阳复原，皇帝的行动就会被认为真的感动了上天，获得了饶恕。因此，通过天文计算的方法事先了解预测日食、月食的发生，提前做好准备，势必对统治活动很有帮助。日食、月食的预测牵涉到日月运行速度、黄道白道交点位置的推算等，十分复杂。印度天文学恰好在交食计算上十分先进，这便促进了中国对印度天文学的学习吸收。

除迦叶孝威外，史书中还记载了另外两位仕唐的迦叶氏印度人。他们当中的一位名为迦叶济，担任一种负责祭祀活动的官职；还有一位迦叶志忠，可能是迦叶孝威的后人。

拘摩罗氏

与迦叶孝威情况相仿，拘摩罗氏也擅长日食的计算。唐代僧人一行编撰的《大衍历》中记载："按天竺僧俱（通拘）摩罗所传断日蚀法，其蚀朔日度躔于郁车宫者，的蚀……其天竺所云十二宫，则中国之十二次也。曰郁车宫者，即中国降娄之次也。"其中透露出拘摩罗氏原来是位印度僧人，并且他提出了一个日食推算中的重要概念，即若在春分点附近发生合朔，则一定发生日食。

与从印度传来的黄道十二宫概念相仿，中国也有十二次的概念。引文中提到郁车宫对应于古代中国的降娄之次。降娄是二十八星宿中的奎、娄二宿，唐代的时候春分点正在此处（由于春分点每年都会在黄道上略微退行，因此现在春分点对应的是双鱼座），所以对应的郁车宫其实就是白羊宫。至于为什么叫"郁车"这个名字，其实是和巴比伦有关。白羊宫在古代巴比伦的苏美尔语中为"E. KUE"，而后在阿卡德语中为"iku"，与古汉语"郁"发音极为相近。由此，有关拘摩罗氏的这段记载也为印度黄道十二宫发源于巴比伦一事提供了有力的证据。

瞿昙氏

"天竺三家"中名声最为显赫的是瞿昙氏，在史书中的相关记载比起上述两家要详尽得多。1977年考古学家在陕西西安还发现了瞿昙氏族成员的墓志铭，使得我们对于瞿昙氏族也有了清晰的了解。

瞿昙氏族中可追溯的最早一代为瞿昙逸，那时他已在长安居住很久了。从瞿昙逸的儿子瞿昙罗开始，瞿昙氏族连续四代在唐朝皇家天学机构中担任要职，形成中国天文学史上颇为引人注目的印度势力。瞿昙罗曾为唐朝编撰了两部历法，但都未能保留下来。不过他的儿子瞿昙悉达所翻译和编著的《九执历》和《开元占经》，却在历史上留下了浓重的一笔。

从书名可知《开元占经》主题为星占学说，因此历来被统治者密藏深宫，害怕流入民间来"妖言惑众"，唐宋时就流传极少，到了后来的元明就连在官方天文机构中也找寻不到了。然而到了明末，一个偶然的机会，有虔诚的佛教徒在为古佛换上金衣的过程中，意外在佛像的肚子里发现了一部"佛经"抄本，经辨认，这正是已失传了的《开元占经》。

瞿昙悉达的《开元占经》是重要的唐代天文学著作，它的学术价值主要有以下几点：第一，它是唐代以前天文星占学说集大成者。瞿昙悉达身为皇家天学机构的负责人，有机会利用皇家密藏的古今星占学著作，因此《开元占经》自然也就构成了这方面最重要、最完备的资料库。第二，它保存了中国最古老的恒星观测资料，尤其以先秦时期的甘、石、巫咸三家的星表最具价值（石氏星表中包含了 121 颗恒星的坐标，是中国最古老的星表），北斗七星、牵牛星等我们耳熟能详的星名也最早出于此。第三，它记载有日食、木星卫星等许多天象，中国上古至 8 世纪所有天文历法的基本数据，以及古代天文学家们有关宇宙结构和运动的认识。第四，它包含的《九执历》是研究中印古代天文学交流及印度古代天文学的珍贵史料。

瞿昙悉达至少有四个儿子，其中瞿昙譔（读zhuàn，同"撰"）子承父业，继续在唐代天文机构担任高官。中国天文历法史上有一件著名的公案就是和瞿昙譔有关，即他会同他人一起指控一行和尚的《大衍历》抄袭了他父亲的《九执历》。瞿昙譔的儿子瞿昙晏也出任过天文机构官员，他的后代就未见记载。唐代天文世家瞿昙氏族至此退出了历史舞台。

延伸阅读

中印天文学交流史上的一起抄袭诉讼

古代中国和古代印度在天文学交流中发生过一起诉讼，即瞿昙悉达之子瞿昙譔指控一行《大衍历》(《大衍历》完成于 727 年，正式颁行于 729 年）抄袭《九执历》。

本次事件的被告是一行和尚（683—727，佛教密宗僧人，本名张遂）。而原告方除瞿昙譔外，还有同样从事天文历算的中国官员陈玄景和南宫说，其中以南宫说官衔最高，达正四品上。控诉的内容根据《新唐书》记载是"《大衍》写《九执》，其术未尽"。

审理过程倒也简单，唐玄宗令人将《大衍历》和《九执历》，连同作为参照的《麟德历》一起与过去的天文记录"灵台候簿"加以比对。经过比较，"《大衍》十得七、八，《麟德》才三、四，《九执》一、二焉"。因此，判决的结果就是否决了瞿昙𫗦的指控，并处罚了瞿昙𫗦、南宫说等三人。

从表面上看，此案件以《大衍历》为代表的本土历法的获胜而告终，审判过程也很科学合理。其实不然，事件背后的缘由并不是那么简单。

首先，一行和尚原来并无官方背景，他是为了改历而被从民间召集而来的。改历过程中一行也确实参考借鉴了包括印度《九执历》在内的各家历法，有可靠证言说《大衍历》是"唐梵参会"的结果。如此一来，博采众长的《大衍历》精度高于《九执历》也就并不为奇。

其次，瞿昙譔等人真正指控的并不是一行的抄袭，而是"其术未尽"——《大衍历》没能完整地"抄袭"《九执历》，表现在算法不全，数据不清。这或许使得当时以印度天文学方法为主流的唐代官方天文学家们感到不快。"《大衍》写《九执》"公案很可能带有当时天学界门派之争的色彩。

最后，瞿昙譔、南宫说等人虽然败诉，但也并未受到严罚，到后来瞿昙譔仍继承了他的父亲瞿昙悉达在皇家天文机构中的高位。但是朝廷对该公案的判决结果，在某种程度上阻碍了以后中国传统历法对印度历法中先进成分的吸收，这无疑是令人遗憾的。

第二节
寻觅巴比伦天文学在中国的痕迹

包含有西方天文学内容的印度天文学于六朝隋唐时期主要是随佛教的传入而进入中国的。有些佛经内容中富含天文学知识，或者是来华传教的僧人本身就精通天文学。（东晋末年的何承天跟随精通印度天文学的僧人慧严学习，作《元嘉历》，掀起了一次历法的改革。）另外，也不排除印度天文学的传入与佛教无关的可能。与天文学相关的佛经中较重要的文献有刘洪所译《七曜（读 yào）术》、竺律炎与支谦共译《摩登伽经》、西天竺僧真谛《立世阿毗昙论》、北天竺那连提耶舍《大方等大集经》、不空《宿曜经》、金俱吒《七曜攘灾诀》等。在随佛经输入的印度天文学中，我们首先能清晰辨认出巴比伦天文学的痕迹，它们包括黄道十二宫、白天最长最短比，以及行星历表和行星运动理论。

1. 黄道十二宫是怎样传入中国的

黄道十二宫是西方天文学和星占学中的基本概念，起源于两河流域的巴比伦文明，在印度天文学的巴比伦－希腊影响时期传入印度。汉译佛经中，那连提耶舍的《大方等大集经》（550—577 年）卷五十六最早明确而且完整地记载了黄道十二宫的概念。其中以梵语发音记载了十二宫的名字：书里所说的辰（这里把它们称为"辰"，是因为中国古来就有十二辰的概念，黄道十二宫初次传入很自然地被称作"十二辰"）有十二种。一名弥沙（白羊宫）、二名毗利沙（金牛宫）、三名弥偷那（双子宫）、四名羯迦吒迦（巨蟹宫）、五名缫呵（狮子宫）、六名迦若（室女宫）、七名兜逻（天秤宫）、八名毗梨支迦（天蝎宫）、九名檀尼毗（人马宫）、十名摩伽罗（摩羯宫）、十一名鸠槃（宝瓶宫）、十二名弥那（双鱼宫）。

此后黄道十二宫又在多部引进经典中出现，名称也不再随梵语音译，而是开始根据意思翻译。其中有些与现在通行的名称稍有差别，如阴阳宫或男女宫指双子宫，双女宫指室女宫，弓宫指人马宫，摩羯鱼宫就是摩羯宫。其中的缘由可以从当时的十二宫的图像窥见一斑。

摩羯鱼这个名称的背后和一段中东古代神话有关：一次诸神在尼罗河岸设酒宴，突然出现了一个怪物，诸位天神纷纷化形遁入尼罗河中，半人半神的潘恩由于过度惊慌，无法完全变成一条鱼，就成了摩羯鱼。又传说古代巴比伦有一位名为依亚的神仙，是"深海中的羚羊"，这就是摩羯座的星神是羊首鱼身的原因。

黄道十二宫随佛教经典输入中国，主要传递了一种西方的生辰星占学（从人出生时刻的天体位置可以预测出他们的命运，有时用以消灾祈福），它的起源地正是古代巴比伦。可能是经过了古印度的消化吸收，传到中国的生辰星占学，除黄道十二宫外，往往还配合七曜、二十八星宿一起来消灾祈福。

在西方和印度天文学中，黄道十二宫又被用作一个基本度量概念，即从白羊宫为起点每宫

30 度，这样把黄道平分为十二等份，分别以黄道十二宫的名字来命名。印度接受黄道十二宫坐标系统时，还将它与自己原有的星宿坐标系结合使用。为了方便换算，有些人还直接将二十八宿改为二十七宿，如此每一宿占黄道上的 13°20′ 范围。在中国虽长时间只用于星占和民间小历里面，但到明代《大统历》中，黄道十二宫也成了中国官方历法采用的一种天文坐标系。总而言之，黄道十二宫由西向东的传播，是东西方天文学交流与传播的一个具体例证。

2. 古巴比伦怎样测算白天的长短之比

《周谛示》里说，印度古代把一昼夜均分为 30 须臾，一年中白天极长时为 18 须臾，极短时为 12 须臾，两者相差 6 须臾，其比为 3∶2（意思是昼夜最少各自有 12 须臾，6 须臾则随昼夜长短变化分配入白天或是夜里时刻）。另外，还给出折线函数公式，可以计算任意一天的昼夜长短。这里采用的长短比的数值和折线函数很有可能是从古巴比伦那里而来。此外，《周谛示》里还有一种外泄型漏壶用来计量时间。这种漏壶也见于公元前 700 年左右巴比伦楔形文字泥板中。

许多汉译佛经也叙述了这件事，如真谛《立世阿毗昙论》卷五《日月行品》中说"其六牟休多（须臾）恒动，二十四牟休多不动"。可见，古代印度在测定日长方面承袭了巴比伦天文学的做法，汉译佛经中出现的日最长与最短之比 3 : 2 亦可追溯到巴比伦天文学。

3. 古巴比伦对行星运动理论有哪些影响

汉译佛经中有关行星运动理论的描述最详细的是《七曜攘灾诀》中的五星历表。特别地，对其中五大行星与太阳的会合周期数和恒星背景下的周转周期数有如下表所列的数量关系及公式所示的一般关系。

《七曜攘灾诀》行星历表

行星	年数 Y	会合周期 P	恒星周期 S
木	83	76	7
火	79	37	42
土	59	57	2

续表

行星	年数 Y	会合周期 P	恒星周期 S
金	8	5	–
水	33	104	–

也就是说，如果行星经过整数 P 个会合周期，同时也完成了整数 S 个恒星周期，那么必定也经历了整数 Y 个回归年，且年数等于会合周期数和恒星周期数之和：$Y = P + S$。（年数是太阳的周转数，因此可以想象太阳和行星都在圆轨道上绕地球转动，会合即是太阳追赶超越了行星。）

这个周期关系在古代印度天文学文献里也能找到，如 6 世纪彘日编撰的《五大体系汇编》中所记载的周期数，如下。

《五大体系汇编》行星历表

行星	年数 Y	会合周期 P	恒星周期 S
土	265	76	9
木	427	37	36
火	284	57	18
金	缺	缺	–
水	217	684	–

虽然火星的恒星周期数有误（应为 151），但《七曜攘灾诀》和《五大体系汇编》显然使用了同一种风格来描述行星运动的规律，不同的只是数值的大小。

有趣的是，印度行星历表所示的周期数在塞琉古时期（公元前 4—公元前 1 世纪）的巴比伦天文学那里早有描述。

塞琉古时期巴比伦天文学行星历表

行星	年数 Y	会合周期 P	恒星周期 S
土	265	256	9
木	427	391	36
火	284	133	151
金	1151	720	–
水	480	1513	–

除会合周期外，不仅木星、土星的数据与《五大体系汇编》中的完全一样，火星的数据也完全正确，可以肯定这两者间存在有某种渊源关系。塞琉古时期巴比伦天文学曾以希腊为中介传入并影响了印度天文学，而通过《七曜攘灾诀》

五星历表传入中国的印度行星运动理论就这样溯源到了巴比伦天文学。

4. 七曜术是什么时候传入中国的

五大行星再加上太阳和月亮，这就是天空中最为显著的七个天体。在中国古代把它们称作"七政"，大约在东汉又出现了"七曜"的叫法，"曜"就是光明照耀（《诗经》中有"羔裘如膏，日出有曜。岂不尔思？中心是悼"的诗句，意思是：羊羔皮袄色泽如脂膏，太阳一照闪闪金光耀。怎不叫人为你费思虑？心事沉沉无法全忘掉）。《后汉书·律历志中》载东汉永元元年（89年）"常山长史刘洪上作七曜术"，是史书中首次出现"七曜"一词。汉译佛经中七曜最早出现在三国时竺律炎与支谦共译的《摩登伽经》中："今当为汝复说七曜，日、月、荧惑、岁星、镇星、太白、辰星，是名为七。"这里的"荧惑""岁星""镇星""太白""辰星"就是古人所说的火星、木星、土星、金星和水星。

西方及印度的天文星占学给这七颗天体赋

予了主管日期的使命，用它们进行星占及择吉推卜，称为"七曜术"或"七曜历"。唐朝天竺僧人不空所译《宿曜经》（《宿曜经》是古代印度、欧洲及中亚、西亚星占学的集大成之作）中说："其精上曜于天，其神下直于人，所以司善恶而主理吉凶也。其行一日一易，七日一周，周而复始。"意思是七曜神通，每日由一颗星来掌管人间，一日一换，七日七星轮值一次，这就是一周。这便是我们现在所说的"值日"和七日为一星期的由来。（星期日为日曜日，星期一为月曜日，星期二为火曜日，星期三为水曜日，星期四为木曜日，星期五为金曜日，星期六为土曜日。）唐代中西交通发达，《宿曜经》及西方星期制度传入中国后，随即又东传至日本，后者至今仍在沿用唐代的星期叫法。

因为与汉译佛经的传入关系密切，七曜术在中国最为盛行的时候是六朝至唐宋时期，这一点可以从历朝史书记载中看出。从东汉刘洪第一次引入七曜术以来，魏晋南北朝期间均不断有天文学家或僧人研究七曜术。《魏书》中甚至还以"七曜"这个词作为天文学的代称，正反映出七曜术在中国的流行。到了隋朝，所能找到的有关七曜术的记载更多，光是《隋书》中记载七曜术或七曜历的著作就有 22 种。其中明确可考的作者可追溯至北魏时期。另外，有些七曜历标明了王朝年号，如《陈天嘉七曜历》《开皇七曜年历》等，说明七曜术已在那时中国的官方天文学中取得了合法地位。一种外来的天文历术被朝廷接纳到如此程度，在整个中国历史上（清代除外）是极为罕见的。隋以后，唐宋历书中也收录有不少七曜术书目。不过从宋朝起，一类被称为"符天术"的星占历书开始逐渐取代七曜术。符天术也是从印度传来的，与七曜术有很近的亲缘关系，因而本质上也可以与七曜术归入同一类中。这种形式上的变化，实际上反映的仍是天文学学术潮流的转换。

总而言之，七曜术与日月五星有关，用于编历和占卜，有着浓郁的西方及印度色彩，自东汉传入中国后，在南北朝时期可以说盛极一时。七曜术一直流传到宋，它在中国的沉寂似乎恰好伴随着宋朝的灭亡。在此之后的史志书目或其他文献中，七曜术的名称就几乎完全消失了。

知识拓展

"七曜术"是怎么演变成"星期制"的

一周七日的星期制是现代国际社会中通用的纪日方法。七日一周制源于古巴比伦的"七曜术"。早在公元前7—公元前6世纪，古巴比伦出现了一星期分为七天，四星期合为一月的制度。他们认为"日、月、火、水、木、金、土"分别对应着不同的神明，这七个神明会轮值人间，一个星期以"七曜"来分别命名。

"曜"，本义"日光"，《诗经》有云"日出有曜"，可以理解为明亮的光。星期日叫日曜日，即太阳日，星期一叫月曜日，星期二叫火曜日，星期三叫水曜日，星期四叫木曜日，星期五叫金曜日，星期六叫土曜日。七星共值一周期，如此循环往复。

1 世纪时，古巴比伦人创立的星期制传到古希腊、古罗马等地。古罗马人就用自己信仰的神的名字来命名一周七天：Sun's-day（太阳神日），Moon's-day（月亮神日），Mars's-day（火星神日），Mercury's-day（水星神日），Jupiter's-day（木星神日），Venus's-day（金星神日），Saturn's-day（土星神日）。

这几个名称传到英国后，当地人又用他们自己信仰的神的名字改造了其中四个名称，以 Tuesday、Wednesday、Thursday、Friday 分别取代 Mars's-day、Mercury's-day、Jupiter's-day、Venus's-day。Tuesday 来源于战神 Tiu；Wednesday 来源于最高的神 Woden，也称主神；Thursday 来源于雷神 Thor；Friday 来源于爱情女神 Frigg。

这样就形成了今天英语中的一周七天的名称：Sunday（太阳神日），Monday（月亮神日），Tuesday（战神日），Wednesday（主神日），Thursday（雷神日），Friday（爱神日），Saturday（土神日）。

星期制在影响欧洲的同时，也向东传入了另一个文明古国——印度。不过，印度人用自己神话中的诸神替代了原来传入的神名。

后来，佛教兴起于印度，不断向外传播，自汉朝传入中国，在南北朝时期盛极一时。随着宋朝的灭亡，七曜术的名称就几乎完全消失了。唐朝时期，日本派遣大量遣唐使访华，"七曜日"传入日本，并且沿用至今。

近代以来，随着中西交流的深入，"星期制"终于在中国得到广泛的传播。光绪三十一年（1905年），清廷宣布废除延续了一千多年的科举制度，成立"学部"，袁嘉谷奉命调入学部筹建编译图书局，后任该局首任局长。1909年，编译图书局设立了一个新机构，统一规范教科书中的名词术语。袁嘉谷亲自参加了这个机构的工作，主持制定了很多统一的名称。把七日一周制定为中国的"星期"，就是在袁嘉谷主持下完成的。首先，他把星期的第一天"日曜日"规范命名为"星期日",接下来的六天改用数字排序,分别就叫星期一、星期二、星期三、星期四、星期五、星期六。就这样,既与国际七日一周制接轨,又具中国特色的星期制度正式确定下来了。

第三节
中国古代天文学中的古希腊元素

1. 七曜之外的隐形"天体"有哪些

紧接本章第一节的叙述内容，除《开元占经》外，瞿昙悉达的另外一项重要工作就是，奉唐玄宗的圣旨译出了一部印度数理天文学著作——《九执历》。标题中的"九执"是来自印度天文和星占的概念，指日月五星这"七曜"再加上名为"罗睺（读 hóu）""计都"的两个"隐曜"。与光辉明亮的七曜不同，隐曜是看不见的或者说隐而不现的天体。

具体来说，罗睺在印度天文学中代表的是月亮运行轨道（也称为"白道"）和黄道的一个交点（罗睺是印度神话中的一个魔鬼的名字，有一次它偷喝天神因陀罗的不死甘露，被太阳和月亮发现并告诉了天神。因陀罗一刀砍下了罗睺的脑袋，使得它没有了身体，成了一个只有头的怪物。罗睺怀恨告密的日月，总是试图吃了它们，这就是神话里对日食、月食的解释。而在天文学中，日食、月食总是发生在黄道和白道交点上，因此用罗睺指代交点）。

而计都则是月亮轨道上的远地点。虽然交点和远地点都是几何上的概念，并不能被实际观测到，但印度人能用和计算日月五星同样的算法来计算它们，因此，将它们合称为九个天体，梵语写作 nava-graha，汉译就是九执。

罗睺和计都这两个新加入的隐曜与日食、月食的计算密切相关，这也印证了《九执历》诞生的时代背景。唐代中期中国本土历法推算日食接二连三地出差错，改历势在必行。当时瞿昙氏奉旨翻译《九执历》一事，可以将其看成是朝廷希望引进和利用印度天文学来提高当时官方天文历算机构的历法推算水平，并为编制新历做准备的重要举措。

不管怎样，它给中国带来了许多全新的天文历法知识。比如，传统中国历法或出于显示正统的原因，将历的起算点（纪元）设定在上古时候；《九执历》却随印度历法，将起算点设定在一个十分近的年代，因此计算变得十分便捷。再比如，推算日食、月食时《九执历》以正确先进的天球几何模型为理论依据，并引进了正弦函数和弦表等三角学的计算方法，让本土的历法家耳目一新。正因为中国传统天文学中一向没有几何学的方法，所以在日食、月食计算上始终有着严重的缺陷，因而需要借助印度的天文学作为参考补充（我们现在所使用的印度—阿拉伯数字和笔算的计算方法最早也是通过《九执历》介绍进入中国的，但出于种种原因，数字和笔算在唐朝时未能获得普及）。

2. 古代中国天文学中有哪些希腊元素

然而话说回来，上述的几何模型和三角学其实也不是印度人的发明，而是古代希腊天文学的概念。若对《九执历》继续深度发掘，大量的希腊元素就能显现出来。

首先，与天球模型有关，较中国传统分周天为 365.25 分度（这样分是为了对应一回归年大致为 365.25 天，这样太阳便是每日行一度。实际上，太阳在一年中有快慢之分，如在冬至日附近运行时速度最快）不同，《九执历》等几乎所有的印度天文学中都将天球分为 360 等份，每份为一"度"，每度再分 60 等份，是为一"分"。这正是学习了希腊人的方法，甚至梵语里表示"分"的词语"lipta"就是直接取自希腊语。其次，《九执历》里以太阳及月亮轨道的远地点（后者即是计都）为计量该天体视运动的起算点，它背后的数学原理依赖的就是希腊天文学中的本轮—均轮体系。与几何联系密切的还有三角学，它虽然也是源自希腊，但是经过了印度人的改良。除此以外，《九执历》以黄道坐标系代替中国传统的赤道坐标系，研究者们也从一些具体算法中发现了希腊天文学的痕迹。就这样，通过印度人的《九执历》，古代希腊的天文学最终传入了中国。位于欧亚大陆东西两端的科学文化跨越时光和国界交融在了一起，在中外科技交流史中留下了浓墨重彩的一笔。

（本章执笔：吕鹏博士）

中外科学技术对照大事年表
（1912 年到 2000 年）
天文学

亨利·罗素刊布光谱－光度图（赫罗图），实现对恒星的科学分类，为研究恒星演化奠定了基础

> **1912 年** > **1913 年** > **1914 年** >

赫斯乘气球升空研究空气导电性，发现电导率随海拔升高而变大，从而探测到导致高空空气电离的宇宙射线

亚当斯等人发现分光视差，是最早发现的可用于间接测定恒星距离的天体物理方法

汤博借助"闪视比较仪"发现冥王星

特朗普勒通过研究疏散星团的星际消光现象，证实星际物质的存在

< **1932 年** < **1930 年** < **1929 年** <

央斯基发表论文，断言过去一年多观测到的位于太阳系外某一固定点的信号源来自人马座方向（即银河系中心方向）的无线电波，天文学上称射电波，导致射电天文学诞生

哈勃发现河外星系的速度－距离关系，即哈勃定律，是宇宙正在膨胀的直接观测证据

贝特和魏茨泽克建立恒星能源理论

> **1934 年** > **1938 年** > **1947 年** >

紫金山天文台在南京城外建成，被誉为中国现代天文学的摇篮

巴德和兹威基提出"中子星"的概念，认为超新星爆发可能形成中子星

博克等人发现"博克球状体"，外观呈黑色，尺度不超过 3 光年，质量约是太阳质量的 1—200 倍

亚当斯发现致密、表面引力极强的白矮星

史瓦西解出球对称引力场方程，这个方程的严格解在相对论天体物理特别是黑洞物理中起着关键作用

沙普利发现太阳不在银河系中心，进一步动摇了人类中心论

爱丁顿倡导下的日全食观测企图证实广义相对论预言的光线引力偏折

1915 年　　**1917 年**　　**1918 年**　　**1919 年**

爱因斯坦创立空间闭合的静态宇宙模型

爱丁顿《恒星内部结构》出版，首次提出恒星内部能量向外转移的主要方式不是对流而是辐射，证明处于辐射平衡下的给定质量恒星的光度存在理论上限（爱丁顿极限），光度超过该极限的恒星会被自身的辐射吹散

1926 年　　**1924 年**　　**1922 年**

哈勃确认 M31、M33 是河外星系，将人类的视野拓展到以河外星系为组成单元的宇宙

弗里德曼求得引力场方程的膨胀宇宙解，他建立的宇宙模型如今被称为"标准宇宙模型"

1947 年　　**1948 年**

安巴楚米扬发现比疏散星团还要松散得多，但有共同起源的恒星群体——星协，为现代的恒星起源理论提供了有力的观测证据

大爆炸宇宙论和稳恒态宇宙论相对垒

帕洛马天图（POSS）问世，成为天文学研究的基本工具

桑德奇等人发现球状星团主序，揭示它比疏散星团年老

20 世纪 50 年代 **1951 年** **1953 年**

林登－贝尔等人提出银河系中心存在大质量黑洞，据此预言银河系中心有很强的射电源或红外源

巴德订正宇宙距离尺度，导出的宇宙年龄相应增大一倍，大爆炸宇宙学推断的宇宙年龄与地质学推断的地球年龄的矛盾得以缓解

1971 年 **20 世纪 70 年代** **1967 年**

电荷耦合器件（CCD）成为天文观测的主要接收器

休伊什等人发现脉冲星，证实了中子星的存在

赫尔斯和泰勒发现脉冲双星PSR 1913+16，没有发现任何同广义相对论预言相矛盾的迹象

掩星观测发现天王星环

沃尔什等人发现广义相对论预言的引力透镜成像的双类星体

"旅行者 1 号"发现木星环

1974 年 **1977 年** **1979 年**

古思提出极早期宇宙的暴胀模型，他的预言得到威尔金森微波各向异性探测器（WMAP）的支持

1981 年 **20 世纪 80 年代**

赫克拉等人完成大天区中等深度星系红移巡天 CfA1

1990 年

哈勃空间望远镜发射成功

席泽宗发表《古新星新表》，
考订了从殷代到 1700 年间的
90 次新星、超新星爆发记录

贾科尼等人利用火箭发
现宇宙 X 射线源

| 1955 年 | 1956 年 | 1962 年 |

施密特建立银河系质量分布模型（施密特模型）

| 1965 年 | 1964 年 | 1963 年 |

彭齐亚斯和威尔
逊很偶然地发现
微波背景辐射，
使大爆炸宇宙论
得到普遍公认

林家翘等人建立旋
涡星系旋臂的密度
波理论

施密特等人发现光学对
应体类似恒星的星系级
天体"类星体"

温雷布等人在射电波段
发现星际分子，有力地
促进了星际化学的诞生

发现 1992QB1，是除了日后认定同
属柯伊伯带天体的冥王星、冥卫
一外，首次发现的柯伊伯带天体

发现太阳系外的主序星的行
星。2010 年 4 月发现可能处于
宜居带内的类地行星

| 1992 年 | 1993 年 | 1995 年 |

发现首例微引力透镜

美国发射钱德拉
X 射线天文台

| 2000 年 | 1999 年 | 1998 年 |

布鲁克海文国家实验室的
相对论重离子对撞机开始
运行，模拟了宇宙大爆炸
最初几微秒的情况

观测 Ia 型超新星，发
现存在促使宇宙加速膨
胀的暗能量，揭开暗能
量之谜可能催生宇宙学
乃至物理学的革命

第五章

中国与阿拉伯地区的科学文化交流

632 年，以伊斯兰文明为特征的阿拉伯帝国兴起后，恰逢中国历史上科学技术发达的唐朝及随后的两宋王朝，穆斯林向来有四海为家的传统，伊斯兰教创传者穆罕默德（约 570—632 年）曾经告诫他的弟子们说："知识即使远在中国，亦当往求之。"因此，华夏文明和阿拉伯文明的交流与借鉴从此登上了历史舞台。以四大发明中的造纸术、指南针、火药为代表的中国发明创造，通过著名的丝绸之路传到阿拉伯帝国，后来又传到欧洲，对西方近代文明产生了巨大的影响。

13 世纪初，成吉思汗统一蒙古各部，随后，成吉思汗和他的继承者先后征服中亚、西亚等地，打通了中西文化交流的通道，极大地促进了东西方的交通发展，以及商贸和人员的往来。大批阿拉伯人、波斯人和伊斯兰化的突厥人及有一技之长的工匠、天文学家、医学家来到中国。他们带来了伊斯兰世界的数学、天文历算、地理知识、航海等先进的科学知识和技术，极大地丰富了中国科技文化宝库，促进了中国科技文化的发展。

第一节
元朝时期中西方文化交流高峰的出现

1. 成吉思汗时期有哪些天文高手

很多人了解全真教，是通过金庸的武侠小说《射雕英雄传》。在真实的历史中，全真教是道教主流教派之一，它除了继承传统的道家思想以外，还将科仪、戒律、符箓、丹药等道家的文化瑰宝重新整理并发展。全真教的丘处机，作为道教领袖、思想家、政治家、文学家和医药学家，曾以74岁高龄远赴西域成功劝说成吉思汗止杀爱民而闻名于世，受到当时南宋、金朝、蒙古统治者以及广大百姓敬重。

1221年，丘处机应成吉思汗之邀请，跋涉万里前往西域，去解答这位蒙古大汗关于长生不死的疑问。丘处机途经中亚名城撒马尔罕时，与当地的伊斯兰天文学家讨论了该年的一次日食，这次讨论被他的弟子李志常记录在《长春真人西游记》中。丘处机向伊斯兰天文学家问询那次日食的时刻食分，并且用扇子遮蔽灯光的比喻合理地解释了不同地区所见食分的大小差异。丘处机还注意到，同一次日食记录的时刻在东西方向上的不同地点皆有不同，但他没有进一步说明这种现象。

在丘处机来到西域的前一年，成吉思汗身边的一位博学者耶律楚材（1190—1244）已经提出了"里差"的概念。"里差"概念类似于今天的"时差"，但两者之间仍有区别："里差"的计算依据的是距离，"时差"则依据的是地理经度差。相同的地理经度差在不同纬度上对应的距离是不同的。

1219 年，成吉思汗西征，耶律楚材随军同行。在撒马尔罕时，耶律楚材同伊斯兰天文学家就两次月食的发生与否产生分歧，结果两次都证明了耶律楚材是正确的。耶律楚材还发现，撒马尔罕月食的时刻比推算出的中原地区的月食时刻早了一个多时辰，他由此想到这是由撒马尔罕和中原地区在东西方向上距离遥远造成的，更进一步估算出里差的数值约为每 1000 里（500 千米）差 12 分钟。

耶律楚材虽然在与伊斯兰天文学家关于两次月食的争论中获得了胜利，但他自己也通晓伊斯兰历法，他深知伊斯兰历法在计算行星运动方面的优越性。据记载，他还自创了一部名为《麻达巴历》的伊斯兰历法。

成吉思汗去世后，他的后代们继续着四处征战的事业。1258 年，成吉思汗的孙子旭烈兀攻陷了黑衣大食的都城报达（今伊拉克巴格达），建立了伊利汗国，终结了阿拔斯王朝对西亚长达 5 个世纪的统治。1260 年，旭烈兀的兄长忽必烈即大汗位，1271 年，改"大蒙古"国号为元，至此，欧亚大陆的广大土地都被蒙古人征服了，蒙古帝国的广袤领域为东西方的科学文化交流创造了前所未有的机会。

2. 东西方两大天文机构如何相互影响与借鉴

1259 年，旭烈兀为伊斯兰天文学家纳西尔·丁·图西（1201—1274）在伊利汗国的首都马拉盖建造了一座天文台。在图西的领导下，马拉盖天文台成为整个中世纪最重要的天文台，拥有4万册藏书，汇集了来自波斯、叙利亚、东罗马，甚至中国的学者，形成了在伊斯兰天文学界影响深远的马拉盖学派。

无独有偶，在东方的中国，元世祖忽必烈也为大元王朝建立了官方天文机构——司天监。忽必烈不仅延续了中国历朝设置皇家天文机构的传统，而且还专为伊斯兰天文学设置了研究部门——回回（旧时回民的称呼）司天监。

元世祖时期，回回司天监由扎马鲁丁执掌。扎马鲁丁来自中亚的学术中心布哈拉，蒙哥汗（元太祖成吉思汗之孙、元世祖忽必烈的哥哥）时他就已经在蒙古帐中效力。扎马鲁丁曾编制了一部伊斯兰历法《万年历》，通行于元朝的穆斯林群体中。他还主持制造了七件"西域仪象"，分别为咱秃哈剌吉（黄道浑仪）、咱秃朔八台（托勒密长尺）、鲁哈麻亦渺凹只（石制春秋分仪）、鲁哈麻亦木思塔余（石制冬夏至仪）、苦来亦撒麻（天球仪）、苦来亦阿儿子（地球仪）和兀速都儿剌不（星盘）。这七件仪器大多是中国传统天文学所没有的，尤其是体现了西方天文学中地圆概念的地球仪，更是中国人见所未见。

延伸阅读

《马可·波罗行纪》为什么被称为世界一大"奇书"

马可·波罗（约 1254—1324）出生于克罗地亚考尔楚拉岛，意大利威尼斯旅行家、商人，是有史可查的访问中国的第一个西方人，著有《马可·波罗行纪》（又名《东方见闻录》或《马可·波罗游记》）。

1271 年，马可·波罗跟随他的父亲、叔叔从威尼斯出发，前往中国。他们由古丝绸之路东行，经过叙利亚，走两河流域和中亚细亚，越过帕米尔高原，经过四年跋涉后，于 1275 年到达元朝皇帝避暑行宫所在地上都（今内蒙古多伦），拜见了元世祖忽必烈。

马可·波罗在中国居留了 17 年，游历了中国的许多地方，他的观察力和记忆力相当惊人，对不同地区的物产的观察非常细致。他很关注各个地方的商业活动、经济水平、风土民情、宗教信仰等，对所到之处的地形和交通状况的记载也很详细。

1292 年，马可·波罗从海路离开中国，并于 1295 年回到威尼斯。不久后，威尼斯与意大利西部城市热那亚发生海战，威尼斯舰队战败，马可·波罗被俘入狱。在狱中，他口述东方见闻，由狱友庇隆记录成为《马可·波罗行纪》一书。全书以纪实的手法，记述了马可·波罗在中国各地的见闻，记载了元初的政事、战争、宫廷秘闻、节日、游猎等情况，尤其详细记述了元大都的经济、文化、民情风俗信息，以及西安、开封、南京、镇江、扬州、苏州、杭州、福州、泉州等各大城市和商埠的繁荣景象。它第一次较全面地让欧洲人了解到中国发达的物质文明和精神文明，把地大物博、文教昌明的中国形象展示在世人面前。

《马可·波罗行纪》被称为世界一大"奇书"，它激起了欧洲人对东方的憧憬和向往。在世界历史上，还没有哪一部作品像这部作品一样，它揭开了地理大发现的序幕，掀起了东西方交流崭新的一页。

12 世纪时，伊斯兰天文仪器的发展走上了大型化的道路（马拉盖天文台就曾具备半径超过 4 米的墙象限仪和半径 1.5 米的浑仪，15 世纪建立的乌鲁伯格天文台更是拥有半径超过 40 米的巨型六分仪）。有趣的是，中国天文仪器的发展到元代时也经历了大型化转变，典型代表就是郭守敬建造的位于现在河南登封的古观象台，高约四丈（约 13.33 米）。同一时期，东西方天文学家在仪器制造思路上发生如此相似的转变，反映出他们之间曾发生过某种交流。另外，郭守敬设计发明的简仪，也可能受到了一些来自伊斯兰天文学家的启发。

事实上，根据元代《秘书监志》的记载，在元上都回回司天监中就收藏了不少来自阿拉伯的天文典籍，包括著名的欧几里得《几何原本》（又叫《原本》）和托勒密《至大论》的阿拉伯文译本。可惜的是，当时这些书籍只供回回司天监的伊斯兰天文学家使用，并没有进行汉译，因而这些西方科学典籍虽然被带到了中国，却并不为中国人所知。欧几里得《几何原本》的汉译工作，直到明末才由徐光启和传教士利玛窦开启，翻译完成则更是迟至清朝末期。除了天文历算书籍外，回回司天监还藏有关于医学、炼金术和机械制造的西方科学典籍。几个世纪中，这些西学经典就被静静地束之高阁，无人问津，最终消失得无影无踪。

总的来说，在 13 世纪中期的欧亚大陆上，伊利汗国的马拉盖天文台和元朝的回回司天监是当时天文机构的双璧，它们之间距离遥远却又有着千丝万缕的联系。虽然蒙古统治者并不愿意促成大规模的文化交流（蒙古政权为了便于对帝国内众多不同文化和民族背景的人群进行统治，并不希望他们之间产生过多的交流和联系。这种情形在明朝初年得到了改变），但是知识与文化在两大文明间的互相渗透是不可避免的。

第二节
明代对两部阿拉伯天文名著的翻译

　　元朝的崩溃和它的兴起一样迅速，其统治期只维持了不到 100 年。大明王朝建立起来后，阿拉伯地区和中国的科学文化交流进入了新的阶段。

　　1368 年，朱元璋建立大明王朝后，为讨论和制订天文历法，将元朝的司天监、回回司天监的人员与典籍都征召至都城南京。这些人员和书籍后来也成为明代钦天监建立的基础。朱元璋本人对伊斯兰的天文星占知识十分推崇，对于元朝回回司天监中的西域书籍也比较关心。1382 年，朱元璋下诏命翰林李翀（读 chōng）、吴伯宗协同回回大师马沙亦黑、马哈麻（马沙亦黑和马哈麻是兄弟，明代初年，他们跟随父亲马德鲁丁从西亚阿拉伯地区来到中国。马氏父子都精通天文历算，先后在明初的钦天监中工作）等人在右顺门附近开局翻译西域书籍。历经数年的翻译工作，形成了两部译著：关于星占学的《回回天文书》和关于伊斯兰历法的《回回历法》。

《回回天文书》的底本是伊斯兰天文学家阔识牙耳所著的《星占学导引》，该书分为四卷，体例与托勒密的星占学经典《四门经》类似，内容大致也是经过了伊斯兰文化改造的古希腊星占学体系。在古代，星占学是以天文学为基础的，因而尽管《回回天文书》总体是一部星占学书，但它所涵盖的天文学内容也相当丰富。比如，古代星占学十分关注的各大行星的相对位置和运行情况，在《回回天文书》里就能找到非常详细的介绍。《回回天文书》中还有大量的医学星占内容，反映出伊斯兰黄金时代的医学水平，其中记录的每个月里胎儿的发育情况与现代医学的观察结果基本一致。而地理经纬度等中国人所不熟悉的概念，也在《回回天文书》中得以体现。

《回回历法》的翻译工作比翻译《回回天文书》用时更长，而且更大程度上是以编译的形式完成的。根据钦天监监正元统的记载，1385 年，朝廷指派了三位汉族历算官员向马沙亦黑等回回历官学习伊斯兰历法，前后花了三年时间才完成学习，编成了《回回历法》。《回回历法》系统地介绍了伊斯兰历法的数据和体系，还附上了伊斯兰历法中常用的算表。

《回回历法》汉译本问世后，总体来说并没有达到预期的影响。因此，汉译《回回历法》就几乎失去了实用价值，虽然不久后还有刘信汇编的《西域历法通径》，但到了明朝中期，《回回历法》还是面临失传的危险。

明朝成化年间，南京钦天监监副贝琳已经发现了这一情况，他担心《回回历法》就此被埋没，花了七年时间整理并重修了《回回历法》。我们如今能看到的《回回历法》，正是经过贝琳重新整编过的版本。贝琳重修的《回回历法》在清代乾隆年间被收入《四库全书》中，书名也被改换成了《七政推步》。

在《七政推步》中刊载了一份《黄道南北各像内外星经纬度立成》表，这是一张包含了277颗恒星的黄经、黄纬和星等数据的星表。根据现代学者的研究，这份星表的数据很可能是明初回族天文学家们的观测结果。

《七政推步》的编修，使得原本限制于专业人员内部的伊斯兰历法体系开始流传于汉族学者之中。到明代中后期，汉族学者如唐顺之、袁黄、周述学等人也在钻研《回回历法》，但基本上还是不得要领（中国传统天文学家对伊斯兰历法中的行星运动的几何模型非常陌生，《回回历法》又欠缺对几何模型原理的讲解，导致中国天文学家即使面对着汉译的《回回历法》也很难通晓其义）。

到了 17 世纪，随着伊斯兰文明自身的逐渐衰弱，也随着欧洲耶稣会传教士带来了经过文艺复兴时期发展的欧洲新天文学，伊斯兰天文学的重要性也日趋淡化，伊斯兰文明和中华文明间的科学文化交流，也至此告一段落。

延伸阅读

阿拉伯数字是阿拉伯人发明的吗

世界各个地区的人类社会在演进时，都会碰到"数字"这个问题。最初人们可能是用小石子或结绳的方法来计算，但随着人类物质生产的丰富，小石子或结绳的方法就不适用了。所以，创造出一些符号来代表数字，就成为生活和生产上的需要了。

各民族在自己的文明发展史中，都会创造出一些符号来代表数字。而今天世界上通用的阿拉伯数字由0，1，2，3，4，5，6，7，8，9共10个计数符号组成。它采取位值法，高位在左，低位在右，从左往右书写。借助一些简单的数学符号（小数点、负号、百分号等），这个系统可以明确表示所有的有理数。为了表示极大或极小的数字，人们在阿拉伯数字的基础上创造了科学记数法。

阿拉伯数字最初由古印度人发明，大约到了7世纪的时候，这些数字传到了阿拉伯地区。到13世纪时，意大利数学家斐波纳奇写出了《算盘书》，在这本书里，他对阿拉伯数字做了详细的介绍。后来，这些数字又从阿拉伯地区传到了欧洲，欧洲人只知道这些数字是从阿拉伯地区传入的，所以便把这些数字叫作阿拉伯数字。

与阿拉伯数字传入阿拉伯差不多在同一时期，印度数字随着佛学东渐也曾传入过中国，但并未被当时的中文书写系统所接纳。大约在13—14世纪，阿拉伯数字"卷土重来"，由伊斯兰教徒带入中国，由于中国古代可以用"算筹"方便地计算，阿拉伯数字当时在中国没有得到及时的推广运用，同样又以销声匿迹而告终。

19世纪下半叶，由于西学东渐和洋务运动对西方科学知识的传播和普及，中国人对于阿拉伯数字的了解日渐加深，它们的便利性也得到了认可。进入20世纪，随着中国对外国数学成就的吸收和引进，阿拉伯数字在中国才开始慢慢使用。时至今日，阿拉伯数字已成为人们学习、生活和交往中最常用的数字了。

（本章执笔：潘钺博士）

中外科学技术对照大事年表
（1912 年到 2000 年）
医学、生物学

霍普金斯通过老鼠喂养实验，确定维生素的存在

第一次在实验中实现人工核反应，第一次实现人工转化元素

1912 年 **1913 年** **1914 年**

莫塞莱提出原子序数概念，使元素周期律有了新含义，方便了新元素的发现

博登斯坦发现链反应，链反应的研究对开创高分子时代起了巨大作用

吴宪在《中国生理学杂志》上正式发表蛋白质变性学说

赖特发表论文《孟德尔群体中的进化》，阐述了遗传漂变（赖特效应）问题。群体越小，漂变速度越快

1931 年 **1930 年**

1932 年

霍尔丹《进化的原因》出版，为现代综合进化论的确立奠定了基础

费希尔《自然选择的遗传原理》出版，使达尔文自然选择学说与孟德尔遗传定律结合起来

李森科开始垄断苏联生物学界，直到 1964 年

被称为"玉米夫人"的麦克林托克发现跳跃基因（转座子）

克劳德等人发现亚细胞结构。关于细胞器的研究为亚细胞生物学奠定了基础

1935 年 **1937 年** **20 世纪 40 年代**

坦斯利提出"生态系统"概念

卡皮查发现氦的超流动性

柯塞尔提出离子键理论，很好地解释了电负性差别较大的元素间形成的化学键

范波斯发表论文《瑞典南部泥炭沼泽沉积中的森林花粉》，创立孢粉学

南非汤恩采石场发现猿与人之间的过渡物种"南方古猿"的化石

泡利提出不相容原理，使人们理解了导体、半导体和绝缘体的本质区别

1916 年　　**1923 年**　　**1924 年**　　**1925 年**

酸碱质子理论和广义酸碱理论提出

1929 年　　**1928 年**　　　　**1926 年**

裴文中发现"北京直立人"头盖骨

弗莱明发现青霉素

丁颖育成野生稻与栽培稻的杂交水稻"中山一号"

瓦维洛夫出版《栽培植物的起源中心》一书，提出作物起源中心学说

薛定谔《生命是什么？》出版，被誉为从思想上"唤起生物学革命的小册子"

谈家桢提出镶嵌显性理论

莱德伯格和塔特姆在研究大肠杆菌时发现细菌的有性繁殖

1943 年　　**1944 年**　　　　**1946 年**　　**1947 年**

德尔布吕克和卢里亚进行验证细菌自发突变的变量实验（又称波动实验或彷徨实验），发现细菌的自发突变现象

利比建立碳14测年法

平卡斯等人发明口服避孕药，给人类生活带来革命性的变化

1951—1952 年　　**20 世纪 50 年代**

张香桐发现大脑皮层神经元树突有电兴奋性并能传导冲动

赫尔希进行被认为具有"判决性"的噬菌体感染实验，证明 DNA 是遗传信息载体

莱德伯格发现细菌的转导现象，标志着基因重组技术的真正开始

伽莫夫提出三联体密码假说

1953 年 ▸ **1954 年** ▸ **1957 年**

米勒实验模拟生命起源

沃森和克里克提出 DNA 双
螺旋结构模型

伊萨克斯和林德曼发现干
扰素

心脏起搏器成功用于临床

斯佩里提出大脑左右半球分工理论

巴尔的摩和特明分别发现反转录酶，修
正和补充了传统中心法则

埃尔德雷奇和古尔德
提出间断平衡理论

1972 年 ◂ **1970 年** ◂ **1968 年**

袁隆平取得杂交水稻育种的重大突破，
1980 年，杂交水稻作为中国输出的第一
项农业专利技术被转让给美国

科恩和博耶实现外源基因的复制和表
达，基因工程由此诞生

弗里德曼等人发现核子内部
存在类点状结构，可视其为
夸克存在的第一个实验证据

第一例试管婴
儿在英国诞生

1973 年 ▸ **1975 年** ▸ **1976 年** ▸ **1978 年**

植物转基因技术在
美国、比利时取得
重大进展

桑格发明
DNA 快速
测序法

利根川进阐
明抗体生成
的遗传原理

天花疾
病消亡

1983 年 ◂ **1982 年** ◂ **1979 年**

普鲁西纳发现朊粒，是一类特殊的传染性
蛋白质

1985 年 ▸ **1987 年**

发现新的
碳单质 C_{60}，
又称富勒烯

泽维尔利用激光闪光照相机开创飞秒（时间单位：
1 飞秒 =10-15 秒）化学

威尔逊提出"线粒体夏娃"学说，认为所有现代
人的线粒体都是从 20 万年前一个共同的女性祖
先那里遗传下来的

布伦纳等人发现程序性细胞死亡

雅各布和莫诺发现信使 RNA（mRNA）

1958 年　　20 世纪 60—70 年代　　1961 年

克里克提出"中心法则"：遗传信息的流向是 DNA → RNA → 蛋白质，同时 DNA 可复制为 DNA

陈中伟在上海市第六人民医院成功施行断肢再植

1967 年　　1965 年　　1963 年　　1961—1966 年

中国第一颗实用的氢弹爆炸成功

中国合成结晶牛胰岛素，开辟了人工合成蛋白质的时代

卡斯珀和皮门塔尔研制成利用化学反应释放的能量实现粒子数反转的化学激光器

费根鲍姆开发出专家系统程序 DENDRAL，被认为是人工智能研究的历史性突破

20 种氨基酸的遗传密码全部被破译

美国批准第一项哺乳动物（转基因鼠）专利

阿克塞尔和巴克从分子层面到细胞组织层面解开人类嗅觉之谜

1988 年　　1990 年　　1991 年

布利兹等人对腺苷脱氨酶缺乏症患者实施基因治疗，引起极大争议，因为反转录病毒会将外源基因随机嵌入细胞内基因组

1998 年　　1996 年

汤姆森和吉尔哈特获得可体外培养的、具有全能性的人胚胎干细胞，打开了体外生产人体细胞、组织乃至器官的大门

第一只体细胞克隆动物"多莉"羊诞生，证明动物克隆技术的可行性